Carla Crook

Praxisratgeber
Klassikerkauf

Mazda MX-5

Alle Modelle 1989–2001

HEEL

HEEL Verlag GmbH
Gut Pottscheidt
53639 Königswinter
Telefon 02223 / 9230-0
Telefax 02223 / 9230-13
Mail: info@heel-verlag.de
Internet: www.heel-verlag.de

Der Originaltitel „The Essential Buyer's Guide Mazda MX-5 Miata
MkI 1989–97 & MkII 1998-2001" ist erschienen bei:
Veloce Publishing Ltd.
Parkway Farm Business Park,
Middle Farm Way
Dorchester DT1 3AR
England

Übersetzung ins Deutsche: Heiner Stertkamp

Lektorat: Jürgen Schlegelmilch

Titelbild: Jörg Hajt

Satz und Gestaltung: HEEL Verlag GmbH, Stefan Witterhold

Druck und Verarbeitung: D+L Reichenberg GmbH, Bocholt

Printed in Germany

ISBN: 978-3-86852-881-7

Inhalt

Einleitung – Zum Zweck dieses Buches

Dieses Buch zeigt Ihnen Schritt für Schritt, wie Sie geradewegs genau den Mazda MX-5 auswählen, der für den angepeilten Einsatz ideal geeignet ist und dennoch Ihr Budget nicht sprengt. Der MX-5 verkaufte sich immer gut; das Angebot ist also reichlich. Manche werden ehrlich beschrieben und befinden sich in Liebhaberhand. Aber da sind auch die angeblich exzellenten Exemplare, die sich später als herbe Enttäuschung entpuppen. Wenn Sie wissen, welches Modell und welche Ausstattung Sie für welchen Preis anschaffen wollen, beginnt die Suche in Kleinanzeigen und im Internet. So bekommen Sie ein Gefühl für die Marktlage und können sich an die ersten Besichtigungen heranwagen.

Es kann sein, dass Sie eine weite Fahrt unternehmen müssen, um Ihren potenziellen Traumwagen zu finden, und wenn die Angaben am Telefon auch noch so verführerisch waren, können Sie vor Ort eine herbe Enttäuschung erleben. Doch lassen Sie sich nicht entmutigen, Sie werden Ihren Wunsch-MX-5 schon finden. Je mehr Sie ansehen, umso besser können Sie vergleichen und herausfinden, was Ihnen an dem Fahrzeug wirklich wichtig ist; Geduld und Beharrlichkeit werden sich schließlich bezahlt machen.

Der jetzt schon in dritter Generation aufgelegte MX-5 kam in seiner ersten Ausführung NA im Jahre 1989 auf den Markt und wurde unter Sportwagenliebhabern mit kleinerem Budget schon sehnsüchtig erwartet. Sein 1,6-Liter-Vierzylindermotor im Bug hatte zwei obenliegende Nockenwellen und trieb die an doppelten Dreieckslenkern aufgehängten Hin-

Das Original: MX-5 der ersten Generation.

terräder an. Der Wagen hatte einen Hilfsrahmen am Kraftübertragungsstrang und eine leichte Karosseriekonstruktion. Auffällig waren die Schlafaugen. Ein offener Sportwagen wie dieser wurde auf dem Markt mit offenen Armen empfangen.

Der MX-5 wurde natürlich auch weiterentwickelt; die zweite Generation NB erschien 1998, allerdings jetzt mit konventionellen Scheinwerfern. 2005 folgte die dritte Generation NC, die immer noch als Inbegriff des kleinen, erschwinglichen Roadsters gilt, versehen mit der idealen 50:50-Gewichtsverteilung zwischen Vorder- und Hinterachse und entsprechend agilem Handling. Der MX-5 bereitet beim Fahren Freude, ohne das Portemonnaie übermäßig zu beanspruchen.

Dieser Praxisratgeber beschäftigt sich mit der die NA- und NB-Modelle bis 2001. Beide Generationen haben die gleiche Plattform und unterscheiden sich nur optisch in Karosserie und Innenraum – am auffälligsten sind beim NB die neuen Scheinwerfer sowie Änderungen an Motoren und Fahrwerk. Da im Wesentlichen gleich, sind Stärken und Schwächen des einen auch die des anderen. Die dennoch vorhandenen Unterschiede werden in diesem Buch detailliert beschrieben.

In manchen Ländern ist das Fahrzeug auch als Mazda Miata oder Eunos Roadster bekannt. In diesem Buch werden alle Varianten – keine wird übergangen – einfach MX-5 genannt.

Soweit vom TÜV die Rede sein wird, sind natürlich auch die anderen Institutionen (Dekra, etc.) gemeint, die zur Kfz-Hauptuntersuchung oder ähnlicher Untersuchungen innerhalb oder außerhalb Deutschlands ermächtigt sind.

Zwei herrliche Exemplare der zweiten Generation des MX-5, beide mit dem ab Werk lieferbaren Spoilerpaket.

Danksagung

Auf keinen Fall wäre dieses Buch ohne die technischen Hinweise und Hilfestellungen meines Ehemanns Tony zustande gekommen. Dank gebührt auch allen meinen Freunden bei MX5Nutz.com und dem MX-5 Owners' Club. Ihr Wissen und ihr Beistand waren riesengroß. Dank auch an Andy Stott von Autolink und das Team bei Famous Five MX-5.

1 Der richtige Wagen?

Kleine und große Fahrer

Der MX-5 bietet kleinen wie großen Fahrern eine perfekte Sitzposition, einzig sehr großgewachsene Menschen könnten mit dem vorhandenen Platzangebot Schwierigkeiten bekommen.

Bedienbarkeit

Lenkung direkt und leichtgängig; Schaltung leichtgängig und präzise mit kurzen Schaltwegen; leichtgängige hydraulische Kupplung; Brems- und Gaspedal ebenfalls leichtgängig.

Abmessungen

Länge: 3975 mm; Breite: 1675, beim NB: 1680 mm; mit diesen Abmessungen passt er in fast jede Garage.

Innenraum

Fußraum vorn: 1085 mm; beim NB: 1086 mm
Kopfraum unter dem Verdeck: 942 mm
Innenbreite: 1280; beim NB: 1263 mm

Das MX-5-Innenraumangebot scheint limitiert, aber außer für sehr große Fahrer ist genug Platz da. Mit kleinerem Lenkrad, dünneren Sitzpolstern oder Einbau der Lotus Elise-Sitze kann zusätzlicher Raum gewonnen werden.

Kofferraum
Fasst 124, beim NB 144 Liter; hinter den Sitzen befindet sich die Gepäckablage, deren Größe von der Sitzeinstellung abhängig ist. Bei geschlossenem Verdeck kann zudem die Hutablage genutzt werden.

Betriebskosten
Inspektion alle 10.000 km; beim NB alle 15.000 km

Nutzwert
Ideales Alltags-, Wochenend- oder gelegentliches Rennfahrzeug; sparsamer Verbrauch, geringe Unterhaltskosten, japanische Qualität und extreme Zuverlässigkeit

Teileverfügbarkeit
Dank der vielen Teilehändler in aller Welt kann man die Teileversorgung getrost als gut einstufen.

Ersatzteilkosten
Vgl. Kapitel 2.

Versicherung
Für NA-Modelle ist bereits eine preisgünstige Klassikerversicherung möglich. Eine Nachfrage bei der Versicherung nach Zweitwagenrabatte lohnt sich auf jeden Fall.

Wertentwicklung
Trotz der großen Produktionsstückzahl geht das Angebot an gut erhaltenen und „unverbastelten" Exemplaren zurück. Die Wertentwicklung ist jetzt noch günstig bis stabil, könnte aber mit der Zeit steigen. Das gilt besonders für Sondermodellen und originale NA-Modelle.

Schwachpunkte
Frühe NA-Modelle leiden unter zu schwachen Kurbelwellen sowie Rost an Türschwellen und Radläufen.

Pluspunkte
Attraktiver, klassisch-britisch geschnittener Roadster mit japanischer Zuverlässigkeit. Das Verdeck ist in wenigen Sekunden geöffnet; Reparaturen und Wartung leicht durchzuführen, hervorragender Gegenwert.

Nachteile
Verhältnismäßig geringe Bodenfreiheit; für beherzte Sprints wünscht man sich häufig etwas mehr Motorleistung.

Alternativen
Toyota MR-2, MGF, Fiat Barchetta, Honda CRX Del Sol

2 Kosten

Mechanische Teile

Gebraucht

Motor	ca. 700 €
Getriebe	ca. 200 €
Lichtmaschine	ca. 50 €
Differenzial	ca. 200 €
Satz Zündspulen	ca. 50 €

Neuteile

Kupplung (nur Teile)	ca. 280 €
Bremsscheiben vorn oder hinten, Paar	ca. 120 €
Bremsbeläge, vorn oder hinten, Paar	ca. 100 €
AT-Bremssättel	ca. 140 €
Elektrische Fensterheber	ca. 300 €
Edelstahl-Auslasskrümmer	ca. 350 €
Edelstahl-Auspuffanlage	ca. 350 €
Kupplungs-Geberzylinder	ca. 140 €
Kupplungs-Nehmerzylinder	ca. 120 €
Zylinderkopfdichtung	ca. 90 €
Zahnriemen (inkl. Spannrolle)	ca. 150 €
Batterie	ca. 140 €
Satz Zündspulen	ca. 270 €
Satz Zündkabel	ca. 100 €
Stoßdämpfer	ca. 100 €
Federn hinten (2 Stück)	ca. 260 €
Spurstangenenden	ca. 20 €
Wasserpumpe	ca. 40 €

Karosserieteile

Hardtop	gebraucht ca. 600 €
	neu ca. 1400 €
Verdeckhaut	ca. 1200 €
Motorhaube	ca. 500 €
Vordere Stoßstange	ca. 250 €
Hintere Stoßstange	ca. 500 €
Kotflügel vorn	ca. 270 €
Kotflügel hinten	ca. 300 €
Reparaturblech Schweller	ca. 200 €
Scheinwerfer NA	ca. 40 €
Scheinwerfer NB	ca. 150 €

Gebrauchte Ersatzteile für den MX-5 sind leicht zu finden und preiswert, überall auf der Welt gibt es spezialisierte Autoverwerter. Meist kosten Gebrauchtteile nur ein Viertel der Neuteilpreise; das gilt auch für Karosserieteile wie Stoßstangen, Hauben und Türen.

Der MX-5 ist ein leicht zu reparierendes Fahrzeug mit erträglichen Unterhaltskosten.

Rückleuchten	ca. 130 €
Stahlfelgen (4 Stück)	ca. 300 €
Windschutzscheibe	ca. 400 €
Kofferraumhaube	ca. 420 €
Türhaut	ca. 40 €
Sitze beziehen	ca. 600 €

Für den MX-5 gab es ein perfekt sitzendes Hardtop, ein ausgesprochen begehrenswertes Extra. Neue Hardtops sind recht teuer, und so wählen viele stattdessen ein gebrauchtes Exemplar.

Die meisten Teile sind leicht erhältlich, mehr Schwierigkeiten bereitet die Suche nach den gefragten und daher teuren JDM-Teilen, das sind dem japanischen Markt vorbehaltene Tuning- und Stylingteile.

3 Leben mit einem MX-5

Wenn Sie nach einem offenen, sportlichen Zweisitzer mit klassischer Linienführung und zuverlässiger Mechanik suchen, dann kommt eigentlich nur der MX-5 in Betracht. Der MX-5 hat sich als einer der bestverkauften Sportwagen weltweit längst einen Namen gemacht. Er eignet sich für den Alltagsgebrauch genauso wie für das Wochenende auf der Rennstrecke oder als Basis für ein Kit Car. Der robuste Motor und das hervorragende Handling machen ihn zur idealen Basis fürs Tuning, besonders für Aufladung. Dabei sind die Modelle NA und NB – noch – relativ preisgünstig erhältlich.

Der MX-5 fühlt sich auch auf der Rennstrecke wohl. In England gibt es sogar zwei MX-5-Rennserien: MaX5 Racing und Ma5da MX-5 Championship.

Wem nach Leistung dürstet, der kann einen Turbolader nachrüsten lassen, was bei fachgerechter Ausführung eine sichere Sache ist. Hier ein NA 1,8 Liter mit Aufladung von Jackson Racing Eaton.

Der MX-5 ist jedoch kein Hochleistungs-Sportwagen im engeren Sinne; dafür fehlt es ihm schlicht an Leistung. Aufgrund seines niedrigen Gewichts kann er aber bei der Beschleunigung punkten. Sein bevorzugtes Terrain sind kurvenreiche Landstraßen, wo der Motor bedenkenlos bis jenseits der 5000/min gedreht werden darf. Der MX-5 ist im Stadtverkehr sehr angenehm, dank seiner Größer findet er leicht eine Parklücke, jedoch schränkt das Hardtop die Sicht nach schräg hinten etwas ein. Die 1,6- und 1,8-Liter nehmen sich in puncto Leistung nicht viel. Der kleinere ist drehfreudiger, der größere durchzugskräftiger und ein wenig leistungsstärker bei höherem Tempo. Im NA waren in der 1,8-Liter-Version auch größere Bremsen und eine zusätzliche Querversteifung an Bord. Wegen des geringfügigen Gewichtszuwachses büßte man aber gleich wieder etwas Fahrleistungen ein.

Mechanische Probleme sind beim MX-5 kaum zu erwarten. Die Ventile können die Kolben nicht berühren, wenn der Zahnriemen überspringt. Der niedrig verdichtete Motor entspricht dem 323 Turbo, kann also leicht mit einem Turbolader aufgerüstet werden. Einzige Schwäche ist das vordere Ende der Kurbelwelle beim frühen NA, dazu mehr in Kapitel 7.

Die Federung ist ausgewogen und straff, jedoch nicht zu unangenehm. Verkürzte Federn aus dem Zubehörhandel schmälern jedoch den Fahrkomfort erheblich. Das Fahrverhalten wirkt bei falscher Achseinstellung oder schlechten Reifen unterschiedlichen Profils indifferent. Eine einfache Achseinstellung wird diesen Mangel kurieren. Die doppelten Dreieckslenker vorn und hinten ermöglichen eine variable Einstellung von Spur und Sturz. Vorsicht ist bei stark geneigten Rampen oder Buckeln auf der Fahrbahn geboten, denn der Wagen setzt gerne auf. Die Hinterräder des traditionellen, leichten Hecktrieblers neigen bei forschem Fahren auf nasser Fahrbahn zum Traktionsverlust, das ausbrechende Heck lässt sich aber leicht kontrollieren. Die sehr präzise Lenkung macht den Wagen gut beherrschbar. Das robuste, präzise arbeitende Getriebe mit seinen kurzen Schaltwegen ist einem Sportwagen absolut angemessen. Das Geräusch der serienmäßigen Auspuffanlage ist sportlich-sonor, ohne zu aufdringlich zu werden.

Mehrere Unternehmen rüsten beim MX-5 Turbolader oder Kompressoren nach und bieten entsprechende Tipps. Hier ein NA 1,6 Liter mit über 250 PS – dank Garrett-Turbolader.

Der Innenraum ist einfach und bietet dank der großzügigen Fußräume beachtliche Bewegungsfreiheit. Die klar gezeichneten Instrumente sind genau vor dem Fahrer untergebracht, gerade so wie er es sich wünscht. Der Schalthebel liegt griffgünstig, die Pedale sind mit genau dem richtigen Abstand zueinander angebracht, so dass besonders Sportfahrer sie mit Zehen und Hacken zugleich bedienen können. Im Winter erweist sich die Heizung als kräftig; der Innenraum ist rasch erwärmt. Für einen Zweisitzer sind mit Gepäckablage hinter den Sitzen, der Hutablage und dem Kofferraum großzügige Staumöglichkeiten verfügbar. Der NB hat einen etwas größeren Kofferraum; tief darunter befindet sich das Reserverad. Der Fahrer sitzt tief in diesem Sportwagen, was im dichten Verkehr nicht immer angenehm ist. Die verstellbaren Sitze sind auch auf weiten Reisen angenehm. Bis 110 km/h zieht es bei offenem Verdeck im Innenraum nicht; das geschlossene Verdeck bleibt selbst auf der Autobahn erstaunlich ruhig.

Das Verdeck zu öffnen oder zu schließen dauert nur wenige Sekunden. Wenn man groß und kräftig genug ist, geht das sogar vom Fahrersitz aus. Der MX-5 ist populär und seine Fangemeinde ist lebhaft. So hat sich eine rege Clubszene gebildet, die online in mehreren MX-5-Foren Hilfestellung und Ratschläge bereit hält und zahlreiche Ausfahrten, Treffen und Rennsportveranstaltungen organisiert.

Ohne Zweifel ist eines der großen Treffen ein Saisonhöhepunkt für jeden MX-5-Besitzer. Clubs organisieren Ausfahrten, Treffen und Ausstellungen.

4 Relative Werte

Die Motorversionen kann man an der Schrift auf den Nockenwellendeckeln unterscheiden: Beim 1,6er ist sie vertieft …

… und beim 1,8-Liter erhaben.

Die nachfolgende Tabelle gibt einen guten Überblick über das Preisgefüge der verschiedenen Modelle in Deutschland, wie es sich bei Drucklegung dieses Ratgebers darstellte, ermittelt von . Die Spezialisten für Fahrzeugbewertungen aus Bochum beobachten seit über 25 Jahren den Markt für zwei- und vierrädrige Klassiker und bieten ein bundesweites Netz qualifizierter Kfz-Sachverständiger, die u. a. Wertgutachten für angebotene oder gekaufte Fahrzeuge erstellen. Unter www.classic-data.de findet man eine nach Postleitzahlen sortierte Liste der Classic-Data-Partner.

				Zustandsnoten				
Modell	Baujahr	PS/KW	ccm	1	2	3	4	5
MX 5 1,6 (NA)	1989–1994	115/85	1598	k.N.*	6500	3200	1500	k.N.
MX 5 1,9 (NA)	1994–1998	131/96	1840	k.N.*	6700	3400	1600	k.N.
MX 5 1,6 (NA)	1995–1998	90/66	1597	k.N.*	5900	2800	1300	k.N.
MX 5 (NB)	1998–2000	110/81	1598	k.N.*	6000	2900	1400	k.N.
MX 5 (NB)	1998–2000	140/103	1840	k.N.*	6300	3000	1500	k.N.

(k.N.: Keine Notierung)

Quelle: Classic Data

Der Eunos Roadster

Gern wird vor der japanischen Version Eunos gewarnt, die Ersatzteile dafür seien deutlich teurer. Tatsächlich handelt es sich um die gleichen Teile wie bei der Europaversion. Sie hatten ebenso wie die europäischen Modelle einen Unterbodenschutz. Vorteil des Eunos ist, dass er reichhaltiger ausgestattet war als die europäischen Versionen, und später nach Europa importierte Fahrzeuge sind meist rostfrei. Manche Versicherungen nehmen allerdings für den Eunos eine höhere Prämie, hier lohnt ein Vergleich mit anderen Unternehmen.

Generell gilt, dass japanische Versionen in der Anschaffung nicht wesentlich teuer sind als die Europausführungen.

Am leichtesten lassen sich Europaversion und Eunos anhand der Fahrgestellnummern unterscheiden. Schauen Sie auf die Plakette an der Motorraum-Rückwand. Die Identnummer der „Europäer“ beginnt mit „JMZ“, gefolgt von 14 weiteren Zeichen.

Beim Eunos beginnt die Identnummer jedoch je nach Baujahr mit NA oder NB. Der in die USA gelieferte Miata beginnt mit „JM1“, der für Australien und Südost-Asien mit „JM0“.

Auch die Größe des Nummernschildfelds hinten verrät das Fahrzeug, hier ein Eunos Roadster.

Dieser NA wurde für Großbritannien gebaut.

Ein originaler MX-5 NA mit geöffneten Klappscheinwerfern

Überarbeiteter Innenraum des MX-5 NB mit auffälligen Unterschieden zum Vormodell an der Armaturentafel: Der NB hatte serienmäßig Airbags.

Kristallweißer MX-5 mit schwarzer Innenausstattung

MX-5 NB mit konventionellen Scheinwerfern, hier das Sondermodell 10th Anniversary, von dem 7500 Stück hergestellt wurden, davon 600 für England, alle mit Sechsganggetriebe.

Für jedes Land gab es unterschiedliche Sondermodelle, meist mit Sonderausstattungen, spezieller Lackierung und Ledersitzen sowie einigen Leistungsverbesserungen. Dieser kräftig modifizierte NA ist ein Eunos-Roadster VR-Limited Combination A, von dem 700 Stück in Weinrot-micatallic entstanden.

5 Vor der ersten Besichtigung

Im Folgenden geben wir Ihnen ein paar Tipps zu den Fakten, die geklärt werden sollten, bevor Sie sich auf den Weg zu einem potenziellen Kaufobjekt machen. Einiges erscheint vielleicht selbstverständlich. Aber allzu häufig vergisst man genau diese Dinge in der Aufregung, womöglich ein Schnäppchen im Internet oder im Anzeigenteil einer Oldtimer-Zeitschrift gefunden zu haben. Als erste Regel gilt, sich zunächst einen Überblick über marktübliche Preise zu verschaffen. Dabei helfen Fachmagazine (z.B. *Oldtimer Markt*) oder jährlich erscheinende Markt-Führer (z.B. *Oldtimer Katalog*, erscheint im HEEL Verlag). Wenn Sie dann noch die folgenden Ratschläge befolgen, werden Sie zumindest nicht bei der ersten Besichtigung eines MX-5 Ihrer Wahl enttäuscht sein.
Bevor Sie also eine lange Anreise in Kauf nehmen, sollten Sie sich einige wichtige Fragen überlegen, um diese Punkte bei einem Telefonat mit dem Anbieter zu klären.

Wo steht der MX-5?

Wie bei jedem Autokauf sollte man auch auf der Suche nach einem möglichst perfekten Traumexemplar abwägen, ob sich 400, 500 Kilometer Anreise zu einer möglicherweise erfolglosen Besichtigung lohnen. Lieber zunächst ein paar Exemplare in der näheren Umgebung anschauen. Auf diese Weise lernt man erstens eine Menge mit wenig Zeiteinsatz, und zweitens ist ja vielleicht hier schon ein schönes Fahrzeug zu bekommen.

Händler oder Privatverkäufer?

Die Gesetzgebung – Stichwort Gewährleistung – hat dafür gesorgt, dass nur noch sehr wenige Klassiker bei anderen als auf diese Fahrzeugkategorie spezialisierten Händlern angeboten werden. Diese lassen sich ihr Risiko meist gut bezahlen. Trotzdem lohnt sich genau aus diesem Grund für den Käufer immer der Gang zu einem gewerblichen Händler. Beim Privatverkäufer – bei dem es weder Garantie noch Gewährleistung gibt – sollte nur vorstellig werden, wer ein Auto wirklich gut beurteilen kann. Aber: Ein privater Verkäufer hat neben dem meist geringeren Preis außerdem oft den Vorteil, dass er sich mit dem Lebenslauf des betreffenden Fahrzeugs besser auskennt.

Kosten der Überführung

Wer nicht das Glück hat, auf einen Anhänger bzw. ein Überführungskennzeichen zugreifen zu können, sollte sich bereits vor dem Kauf über die Kosten des Transports im Klaren sein. Wenn das Fahrzeug noch zugelassen ist und einen gültigen HU-Nachweis hat, kann man sich mit dem Verkäufer möglicherweise auf die Überführung vor der Abmeldung einigen. Oder man lässt sich die Papiere schicken und reist mit neuem Kennzeichen zum Abholtermin.

Besichtigung – wann und wo?

Soweit möglich, sollte ein Kaufkandidat immer bei Tageslicht und gutem Wetter begutachtet werden. Im Dunkeln oder im Regen übersieht man zu leicht kleinere Mängel. Sehr hilfreich ist, wenn zur Besichtigung eine Hebebühne aufgesucht werden kann.

Was ist der Grund für den Verkauf?
Ein MX-5 – egal welcher Generation – ist nicht selten ein Liebhaberfahrzeug. Also muss die Frage gestellt werden, warum der jetzige Besitzer das Auto überhaupt verkauft. Eine wenig schlüssige Antwort auf diese Frage sollte ebenso misstrauisch machen, wie ein vom letzten Eintrag im Fahrzeugbrief abweichender Verkäufer. Wenn sich das noch feststellen lässt, kann auch die Anzahl der Vorbesitzer – und möglicherweise häufige Wechsel in letzter Zeit – ein Alarmsignal sein.

Allgemeiner Zustand
Kann der jetzige Besitzer noch etwas über den Zustand des Fahrzeuges sagen, was über den Anzeigentext hinausgeht? Hat er noch zusätzliche Fotos? Versuchen Sie außerdem, einige der in Kapitel 7 genannten Punkte schon vor der Besichtigung zu klären.

Original oder getunt?
Fahrzeuge im Originalzustand sind die gesuchtesten und teuersten. Wenn Vorbesitzer mehr oder weniger umfangreich in die Technik und die Optik eingegriffen haben, muss man sich die Frage stellen, ob man mit einem getunten Fahrzeug kein Problem hat. Dieser Punkt ist allerdings extrem kritisch, und das gleich aus mehreren Gründen. Sind die technischen Änderungen von einem Profi oder in Eigenarbeit durchgeführt worden? Lassen Sie sich dazu unbedingt Belege (z. B. Werkstattrechnungen) zeigen. Daran schließt sich die Frage an, ob alle technischen Änderungen in den Fahrzeugpapieren eingetragen sind. Ohne entsprechende Eintragungen kriegen Sie spätestens bei der nächsten Polizeikontrolle oder der nächsten HU ernsthafte Probleme.

Stimmen die Fahrzeugdaten?
Es sollte selbstverständlich sein, aber Kontrolle ist immer besser als Nachsicht. Nur die 17-stellige Identnummer ist ein zuverlässiger Identitätsnachweis eines MX-5. Fragen Sie den Verkäufer vorab, ob der angebotene Wagen frei von den Ansprüchen Dritter (z. B. einer Bank) ist. Überprüfen Sie im Zweifelsfall auch, ob das Auto legal verkauft wird. Mit Hilfe der Fahrgestellnummer kann über die Zulassungsstelle angefragt werden, ob das Fahrzeug als gestohlen gemeldet ist.

„Bio"-Sprit
Bei Fragen zur Verwendung des so genannten Bio-Sprits E10 sollten bei Mazda die gerade aktuellen Empfehlungen abgefragt werden.
Das Thema Umweltplakette, mit der sich bekanntlich immer mehr Städte gegen Fahrzeuge mit hohen Abgaswerten abschotten, ist bei Fahrzeugen mit H-Kennzeichen nicht relevant, da alle Modelle dieser Baujahre keine Plakette benötigen.

Versicherung
Vergleichen Sie vorher unbedingt die Prämien unterschiedlicher Anbieter. Hilfreich ist, wenn Sie ein bereits zweites Fahrzeug mit günstigem Schadensrabatt besitzen. Möglicherweise erlaubt Ihre Versicherung, die Einstufungen zu tauschen (teure Einstufung in niedrige Schadenfreiheitsklasse) oder auf einer niedrigeren Stufe einzusteigen.

Wie kann ich bezahlen?
Die meisten Privatverkäufer werden auf Barzahlung bestehen. Klären Sie deshalb vorab mit Ihrer Bank, wie Sie an mehrere tausend Euro Bargeld herankommen. Über den Geld-

automaten geht das oft nicht, zumindest nicht innerhalb eines Tages. Ist der Verkäufer Händler, können Sie normalerweise bequem und sicher per Überweisung bezahlen. Vorsicht, wenn sich ein kommerzieller Händler darauf nicht einlassen will!

Kaufen auf einer Versteigerung?

Wenn Sie sich mit diesem Gedanken tragen, lesen Sie Kapitel 10 für entsprechende Tipps. Wir müssen hoffentlich nicht darauf hinweisen, dass man ein Auto nicht im Internet ersteigern sollte, wenn man es sich nicht vorher angeschaut hat.

Professionelle Überprüfung des Fahrzeuges

Wenn Sie selbst – oder ein Bekannter – nicht das Fachwissen haben, sollten Sie sich professionellen Rat für die Besichtigung holen. Gegen eine Gebühr kontrollieren z. B. TÜV, Dekra, ADAC oder auch eine beliebige Werkstatt jedes Auto.

Kernige Großserientechnik gepaart mit hochwertiger Verarbeitung und englischen Design-Elementen: Ausdauer und eine gute Recherche im Vorfeld helfen bei der lohnenswerten Suche nach einem perfekten MX-5.

6 Inspektionsausrüstung

- **Dieses Buch**
- **Lesebrille (falls Sie eine benötigen)**
- **Magnet (ein schwacher reicht aus)**
- **Taschenlampe**
- **Kleiner Schraubendreher**
- **Mechanikeroverall**
- **Spiegel mit verlängerter Halterung**
- **Digitalkamera**
- **Einen Freund, möglichst einen mit Fachwissen**

Bevor Sie sich auf den Weg zu einer Probefahrt machen, sollten Sie eine kleine Ausrüstung zusammenstellen, die bei der Besichtigung hilfreich sein wird. Haben Sie keine Scheu, den anvisierten Mazda MX-5 gründlich zu untersuchen. Der Verkäufer soll ruhig sehen, dass Sie vorbereitet sind.

Vielleicht das wichtigste Hilfsmittel ist dieses Buch und die darin enthaltenen Checklisten. Vergessen Sie auf keinen Fall Ihre Lesebrille, sofern Sie eine benötigen, um etwas aus nächster Nähe zu inspizieren.

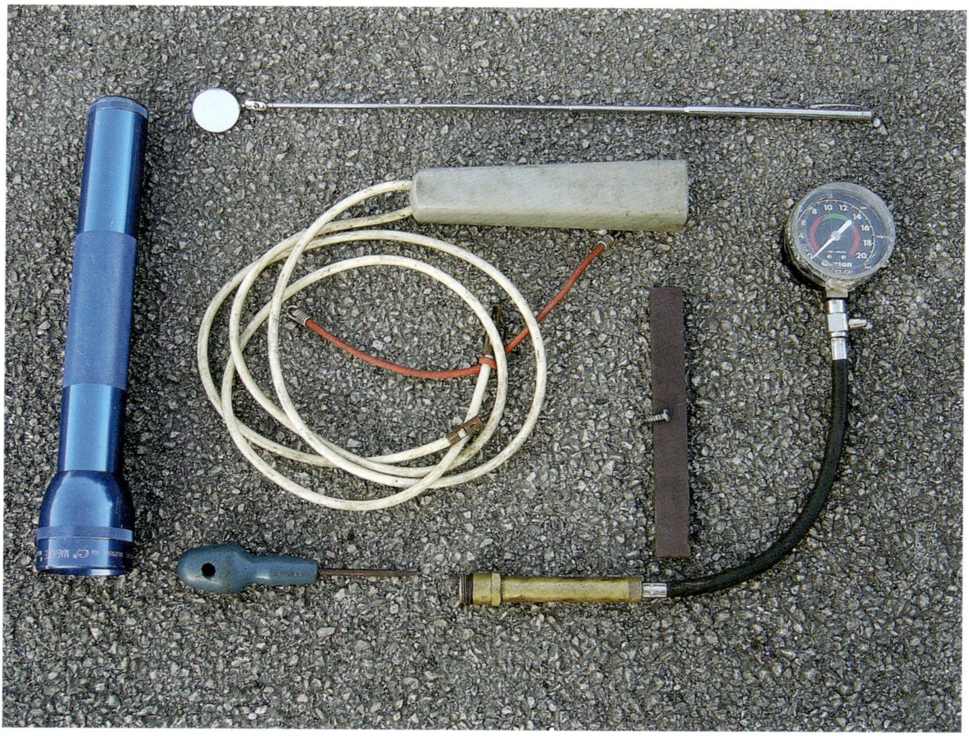

Ein Magnet entlarvt jeden Blender, dessen Karosserie zu weiten Teilen aus Spachtel besteht. Nur wo blankes Blech unter dem Lack liegt, bleibt der Magnet haften. (Vorsicht! Bei diesem Test nicht den Lack zerkratzen!) Dazu sollten Sie zunächst den jetzigen Besitzer nach reparierten Schäden fragen. Zumindest eine dünne Schicht Füllspachtel gehört nun einmal zu den meisten Karosseriereparaturen, auch einer professionellen. Das Fahrzeug sollte allerdings nur kleinflächige Spachtelungen aufweisen. Große Schäden werden vom Profi durch eingeschweißte Bleche behoben. Es spricht nichts gegen eine professionell ausgeführte Restaurierung. Allerdings sollte der Verkäufer mit offenen Karten spielen und diesen Umstand nicht verheimlichen.
Eine Taschenlampe bringt Licht in alle dunklen Bereiche eines Autos, und davon gibt's eine ganze Menge: Radhäuser, Fahrwerk, Unterboden, Motorraum und der Raum unter dem Armaturenbrett, um nur einige zu nennen.
Testen Sie mit einem kleinen Schraubenzieher – aber vorsichtig! – verdächtig aussehende Bereiche des Unterbodens und der Karosserie um die Radhäuser herum. Auf diese Weise lassen sich möglicherweise unter dem Unterbodenschutz verborgene Durchrostungen finden. Wenn der Verkäufer Sie von dieser Untersuchung abhalten will, sollten Sie die Besichtigung abbrechen. Mit hoher Wahrscheinlichkeit wird nämlich der Prüfer bei der nächsten HU genau auf diese Weise kritische Stellen kontrollieren.
Speziell wenn keine Möglichkeit besteht, das Auto auf eine Hebebühne zu fahren, sollten Sie sich darauf vorbereiten, sich auf den Boden zu legen. Nehmen Sie deshalb einen Mechanikeroverall mit, den Sie über die normale Kleidung ziehen können. Genau in diesem Fall ist auch ein kleiner Spiegel hilfreich, der entweder auf einer kleinen Teleskopstange oder am Ende eines Stocks befestigt ist. Mit seiner Hilfe können Sie unter dem Auto – oder im Motorraum – Bereiche von Fahrwerk und Auspuff kontrollieren, die vor einem Blick verborgen sind.
Fotografieren Sie Teile bzw. Fahrzeugkomponenten, bei denen Sie sich nicht sicher sind. So können Sie später in aller Ruhe in Büchern oder bei Experten zusätzlichen Rat einholen. Überhaupt ist es ratsam, einen Freund zur Probefahrt mitzunehmen, idealerweise einen mit Mechanikerkenntnissen. Eine zweite Meinung – die mangels eigenem Interesse vielleicht sogar objektiver ist als Ihre eigene – ist bei einem Autokauf nie schädlich.

7 15-Minuten-Prüfung

Äußeres

Begutachten Sie die Lackierung genau – eine Neulackierung ist meist der teuerste Reparaturposten. Achten Sie darauf, dass der Wagen noch die Originallackierung hat. Jede Änderung in dieser Hinsicht wirkt wertmindernd, weil der Originalzustand nicht mehr gegeben ist. Schauen Sie unter den Kofferraummatten oder im Motorraum, wo im Zweifelsfall meist noch die Originalfarbe erhalten geblieben ist. Wurde irgendwo nachlackiert? Finden Sie Lackunebenheiten oder Farbabweichungen? Besonders bei rot lackierten Exemplare kreidet nach Jahren der Lack unwiderruflich aus.

Abplatzender Lack an der Stoßstange eines NB: Solch ein Mangel lässt sich in einer Lackierwerkstatt oder durch Anbau einer neuen schwarzen Stoßstange leicht beheben.

Die Türschwellen sind der Schwachpunkt des MX-5, an dem der Rost sich festsetzen kann. Im hinteren Bereich suchen Sie um die beiden Wasserabläufe herum nach Blasen oder Rost. Die Korrosion beginnt hier, meist verursacht durch Verstopfung der Löcher und gestautes Wasser. Der Rost beginnt innen und arbeitet sich nach außen vor. Was also wie eine Lackblase aussieht, kann gut von innen durchdringender Rost sein. Bedenken Sie, dass in der Regel nicht nur der äußere, sondern auch der innere Schweller ersetzt werden muss. Einzige Lösung ist, den Rost komplett herauszuschneiden und neues Blech einzusetzen. Die Kosten hängen vom im Einzelfall erforderlichen Arbeitsumfang ab und beginnen bei etwa 200 Euro. Stellen Sie sicher, dass die Wasserabläufe frei sind, indem Sie mit einem kleinen spitzen Gegenstand, beispielsweise einer Büroklammer hineinstochern. Insgesamt sind über jeden Schweller vier Abläufe verteilt, zwei vorn, zwei hinten. Sind sie blockiert oder hören Sie bei der Probefahrt sogar das Wasser im Schweller schwappen, so müssen Sie mit alsbaldigem Rostbefall rechnen. Er beginnt an den Löchern und weitet sich vorn auf den unteren Bereich des Kotflügels aus. Überprüfen Sie die Schweißnaht entlang der Schweller auf Rostbefall oder Lackblasen. Vorsicht bei Schwellerverbreiterungen, die den Rost verdecken können.

Die hinteren Ablauflöcher der Türschweller des NA sind hier markiert. Der MX-5 hat acht Stück. Hier befindet sich auch der Aufnahmepunkt für den Wagenheber, der im Kofferraum zu finden sein sollte. Sehen Sie hier Rost? Die Ablauflöcher werden mit der Zeit verstopfen.

Bei NA und NB sind die vorderen Kotflügel nur angeschraubt und lassen sich leicht ersetzen. Suchen Sie nach Rost am Radlauf und dort, wo sie an die vordere Stoßstange bzw. die Schweller anstoßen.

Verdeckablauflöcher befinden sich in der Nähe der Sicherheitsgurtaufnahme. Um sie zu prüfen ist es am besten, wenn das Verdeck halb geöffnet ist. Dann sind diese Stellen besser zugänglich. Durchstoßen Sie sie mit einem Draht, damit das Wasser durch das Radhaus ablaufen kann.

Schauen Sie die hinteren Kotflügel an, Rostblasen findet man besonders oft am Radlauf. Achten Sie auf Beulen, da die Kotflügel mit der Karosserie verschweißt und daher nicht leicht zu reparieren sind.

Wie sieht es am Windschutzscheibenrahmen mit dem Rost aus? Das Verdeck besteht entweder aus Vinyl oder Stoff und hält ungefähr acht Jahre. Bei Vinyl könnten Risse auftreten, und zwar an allen möglichen Stellen, vom Heckscheibenrahmen bis zu den Knickkanten vom Öffnen und Schließen. Solche Risse werden Wasser hereinlassen, zumindest aber Feuchtigkeit. Auch die Heckscheibe kann brechen.

Innenraum

Entspricht der Verschleißzustand der Sitze und der Pedalgummis der angegebenen Laufleistung? Sind die Teppiche verschlissen, fühlt es sich hinten unter den Sitzen feucht an oder sind Feuchtigkeitsspuren sichtbar? Feuchtigkeit kann von einem beschädigten Verdeck, verstopften Verdeckablauflöchern oder einer schlecht sitzenden Regenleiste herrühren, so dass das Wasser nicht ab-, sondern in den Innenraum geleitet wird. Falls möglich schauen Sie unter die Teppiche, die eigentlich wasserundurchlässig sind. Eingedrungenes Wasser könnte dort noch Spuren hinterlassen haben, selbst wenn die Oberseite trocken scheint. Sind an der Armaturentafel Risse oder abgebrochene Stellen zu finden? Die Sonne kann hier viel Schaden anrichten.

Wie sieht es mit dem Verschleiß der mit Stoff oder Leder bezogenen Sitze aus?

Kofferraum

Der Kofferraum des MX-5 ist mit Teppich ausgeschlagen, darunter befindet sich das Reserverad. Rechts befindet sich die Batterie unter einer Teppichhaube. Der Wagenheber findet sich in einem Fach links unter dem Teppichboden, ebenso wie einfaches Werkzeug und der Radschlüssel. Beim NB ist der Kofferraum geringfügig anders gestaltet und etwas geräumiger. Finden Sie unter den Teppichen und besonders im Bereich der Batterie Rost, Spuren verspritzter Batteriesäure oder fühlt sich der Teppich feucht an? Die Rückleuchtendichtungen altern schnell, ebenso die an der Antenne. Durch beide kann dann Wasser eindringen.

Finden Sie an den Dichtungsschienen für die Kofferraumhaube Rost oder hat die Kofferraumhaube eventuelle Beulen vom heftigen Schließen eines zu hoch beladenen Gepäckraums?

Die Batterie sollte fest verklammert sein, so dass sie nicht rutschen kann. Falls nicht, kann sie Lackschäden oder Beulen am Kotflügel verursacht haben.

Mechanik

Der MX-5-Motor ist so robust und zuverlässig, wie man es sich nur wünschen kann. Dennoch bedarf auch er regelmäßiger Wartung. Laufleistungen über 300.000 Kilometer sind nicht ungewöhnlich! Um dies zu erreichen, sollten Sie bestimmte Dinge regelmäßig beobachten: Achten Sie auf Füllstand und Zustand der Flüssigkeiten. Das Öl sollte goldbraun sein. Ist es schwarz, so ist der nächste Ölwechsel überfällig. Im Kühler sollte das Wasser bis zum oberen Rand stehen, im Expansionsbehälter auf halber Höhe. Ist dieser leer, wird er undicht sein oder der Grund des Wasserverlusts liegt an einer defekten Zylinderkopfdichtung bzw. an einer defekten Motorblockwandung.

Finden Sie Wasser im Öl oder umgekehrt? Hat sich Öl cremeartig am Öleinfülldeckel abgesetzt, was auf Wasser im Öl infolge Kopfdichtungsschadens hindeutet? Diese Ablagerung kann allerdings auch durch extremen Kurzstreckenbetrieb bedingt sein. Sind einige oder gar alle Flüssigkeiten recht verschmutzt, so deutet dies auf nachlässige Fahrzeugpflege hin.

Kontrollieren Sie auch Bremsflüssigkeit und Servolenkungsbehälter. Sind am Ölpeilstab Verschmutzungen erkennbar? Entdecken Sie gar metallische Partikel, nehmen Sie am besten direkt Abstand vom Kauf.

Wenn Sie das Fahrzeug kaufen, sollten Sie also den Wechsel aller Flüssigkeiten einkalkulieren. Schlechte Wartung lässt für die Zukunft Probleme erwarten, was beim Kauf bedacht sein will. Sind die Ventilator-Keilriemen rissig oder verschlissen, wirkt die Riemenscheibe der Wasserpumpe abgenutzt? Lässt sie sich leicht hin- und herbewegen, ist mit alsbaldigem Wasserpumpenschaden zu rechnen. Da für den Tausch von Wasserpumpen- und Nockenwellenriemen weitgehend die gleichen Arbeiten nötig sind, wechselt man aus Kostengründen meist beide Keilriemen gleichzeitig.

Vor August 1990 gebaute MX-5 haben anfällige Kurbelwellen. Die Anlaufscheibe kann verschleißen und die Welle beschädigen. Um Fahrzeuge mit dieser Schwäche auszumachen, achtet man auf die Anzahl der Aussparungen an der Riemenscheibe. Vier Schlitze verraten die alte, schwache Ausführung, acht die stabilere neue. In ersterem Fall verrät sich der Verschleiß, wenn die Kurbelwelle im Leerlauf zum Schütteln neigt. Auch mangelnder Durchzug im unteren Drehzahlbereich und schlechtes Ansprechen aufs Gas deuten darauf hin. Meist ist ein Austausch bzw. eine Revision des Motors erforderlich.

Sind rund um den Motor Anzeichen für austretendes Öl erkennbar? Der O-Ring um den Nockenwellensensor am hinteren Ende des Motors kann undicht werden und Öl durchlassen. Ihn auszutauschen ist jedoch einfach. Beim NA 1,8-Liter kann dort austretendes Öl auf den hinteren Heizungsschlauch tropfen, der dadurch porös und undicht wird. Ölundichtigkeiten an den Ventildeckeln kommen ebenfalls vor, lassen sich aber mit einer neuen Dichtung kurieren.

Kontrollieren Sie alle Schläuche, ob sie Schleifspuren, Risse, Löcher oder abgeplatzte Stellen aufweisen. Bei dieser Gelegenheit prüfen Sie auch, ob die Identnummer in den Papieren mit der am Fahrzeug übereinstimmt.

Wagenboden

Auch wenn Sie bei dieser Prüfung schmutzig werden könnten, sollten Sie auf diese Kontrolle nicht verzichten.

Schauen Sie von unten unter die Vorderstoßstange nach verbogenem Blech. Weisen Motor oder Getriebe Zeichen für Ölverlust auf? Achten Sie auf Korrosion am Unterboden! Untersuchen Sie Wagenboden und tragende Struktur sehr sorgfältig auf Rost und Löcher, nutzen Sie dafür die Taschenlampe. Besonders gefährdet sind die Sicherheitsgurtaufnahmen im hinteren Radhaus. Sind Rostschäden in früheren TÜV-Berichten aufgeführt? Schauen Sie an

Wenn Federn, Querstabilisator, Lenkgestänge und Dreieckslenker so sauber aussehen wie bei diesem NA, dann haben Sie ein hervorragendes, rostfreies Exemplar vor sich.

den genannten Stellen besonders genau. Erkennen Sie frühere Reparaturen und Schweißarbeiten? Wurde die Arbeit ordentlich ausgeführt? Wie sieht es an den Karosserieträgern aus, die hier ausnahmsweise keine tragende Funktion haben. Bei tiefergelegten Fahrzeugen werden Sie Beulen am Wagenboden finden, ebenso Schäden durch unsauber angesetzte Wagenheber. Sind die Stoßdämpfer dicht oder ist Ölnebel an ihnen erkennbar? Meist sind die Gummibälge verschlissen. Das ist aber unerheblich, solange sie Schmutz und Staub von den Stoßdämpfern einigermaßen fernhalten. Prüfen Sie, ob die Schraubenfedern rissig sind oder Abplatzer aufweisen. Prüfen Sie auch die Dreieckslenker und die Querstabilisatoren, die nicht verbogen oder verrutscht sein dürfen. Trotz häufiger Oberflächenkorrosion sollten Sie ernste Rostschäden an ihnen nicht akzeptieren.

Papiere

Achten Sie auf den Eigentumsnachweis (Fahrzeugbrief oder Zulassungsbescheinigung Teil 2) und dass der Wagen auf den Namen des Verkäufers ausgestellt ist. Entspricht die Identnummer der auf dem Typschild an der Motorraum-Rückwand?

Wie viele Vorbesitzer sind aus den Papieren ersichtlich? Bei Grauimporten ist es wichtig zu erfahren, wann das Fahrzeug nach Deutschland gekommen ist. Aus den Papieren ist oft nicht ersichtlich, ob das Fahrzeug ein US-Miata ist, aber die Identnummer verrät es zuverlässig. Achten Sie darauf, Ihrer Versicherung mitzuteilen, dass es sich um einen Grauimport handelt, um im Schadensfall Probleme bei der Regulierung zu vermeiden.

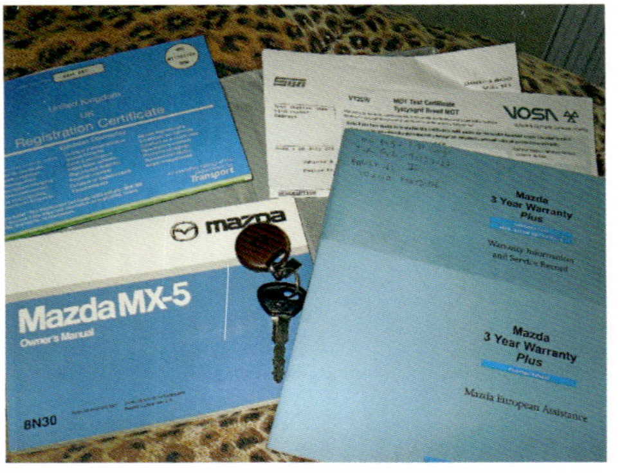

Sind die Papiere vollständig? Stimmt die Identnummer mit der am Fahrzeug überein? Bei vorhandener Wegfahrsperre fragen Sie nach Reserve-Transpondern. Die funktionierende Wegfahrsperre kann Ihnen einen Rabatt bei der Versicherung einbringen. Bei offenen Fahrzeugen wird sie oft gefordert.

Probefahrt

Jetzt sollten Sie sehr aufmerksam sein. Lassen Sie den Motor an. Wegen des hydraulischen Ventilspielausgleichs werden die Ventile anfangs ein paar Sekunden klappern, aber dann bald damit aufhören. Klappern sie nach einigen Minuten immer noch, fahren Sie los. Klappern die Ventile nach der Probefahrt immer noch, ist ein Ölwechsel dringend erforderlich und es steht zu befürchten, dass auch vorher schon der regelmäßige Ölwechsel vernachlässigt wurde. Raucht der Auspuff? Blauer Rauch lässt auf verschlissene Ventilsitz- oder Kolbenringe schließen. Weißer Rauch verrät, dass Wasser in die Zylinder gelangt (meist ist eine undichte Kopfdichtung die Ursache).

Ist der Motor warmgelaufen, drehen Sie ihn langsam hoch. Sind bei einer bestimmten Drehzahl klopfende Geräusche zu vernehmen, die dann wieder abklingen? Machen Sie die Probefahrt mit geschlossenem Verdeck, weil Sie verdächtige Geräusche dann besser hören können. Bemerken Sie Leistungsverlust, verzögerte Gasannahme oder Fehlzündungen?

Prüfen Sie die Kupplung aufmerksam und mehrfach in allen Gängen; die Gangwechsel müssen präzise und geräuschlos möglich sein. Die Bremsen dürfen sich nicht schwammig anfühlen und den Wagen nicht aus der Spur ziehen. Wie fühlt sich der Wagen beim Einfahren in Kurven und bei hohem Tempo an? Auffälligkeiten während der Testfahrt müssen Sie im Kopf behalten, um sie später bei der eventuellen Preisverhandlung benutzen zu können.

Wenn ein MX-5 sich trotz stabiler Karosserie ungewöhnlich unsauber fährt, wird die Fahrwerksgeometrie oder die Radeinstellung nicht mehr stimmen, was sich leicht beheben lässt und zu einem erstaunlich verbesserten Fahrgefühl führt.

Roadsterfahrvergnügen für Jedermann: So setzte Mazda seinen Bestseller in einer Werbungkampagne 1990 in Szene.

8 Problemstellen

Unter dem Kofferraumteppich findet man gelegentlich Rost und Spuren ausgetretener Batterieflüssigkeit.

Ein Verdeck in diesem Zustand wird bald erneuert werden müssen, weil Feuchtigkeit und Schimmel im Innenraum zu befürchten sind.

Lackblasen an den Türschwellen deuten auf von der Innenseite ausgehenden Rost hin.

Korrosionsschäden am Wagenboden und im inneren Schwellerbereich sind teuer zu reparieren, wenn sie erst einmal dieses Ausmaß erreicht haben.

An diesem Radlauf hat der Rost bereits zu nagen begonnen.

Kurbelwellen-Riemenscheibe der frühen Ausführung mit vier Schlitzen. Schauen Sie immer, ob die frühe Variante mit Vier- statt Acht-Schlitz-Riemenscheibe vorhanden ist. Ein später gebautes Fahrzeug könnte auf einen früheren 1,6-Liter-Motor umgerüstet worden sein.

Zum Vergleich: Hier zu sehen ist eine Riemenscheibe mit acht Schlitzen, wie sie ab Mitte 1991 verbaut wurde.

Die A-Säulen sind rostanfällig. Fahnden Sie also am Windschutzscheibenbereich bis in das Windlaufblech hinein nach Rost oder Lackblasen.

Sportliche Schwellerverbreiterungen findet man häufiger. Dahinter kann sich aber ein verrosteter Türschweller verbergen.

9 Realistische Bewertung

Vergeben Sie in den entsprechenden Kategorien je nach Zustand die entsprechende Punktzahl (1–4), während Sie den Wagen untersuchen. Dabei bedeutet:

++ (4 Punkte) perfekter Zustand
+ (3 Punkte) nahezu perfekter Zustand
o (2 Punkte) restaurierungs- bzw. reparaturbedürftiger Zustand
– (1 Punkt) schwere Mängel

Die Auswertung der Gesamtpunktzahl wird am Ende des Kapitels erklärt. Seien Sie bei der Beurteilung realistisch!
Benutzen Sie einen Magnet, um Spachtelstellen ausfindig zu machen.

Lackierung

++ + o –
4 3 2 1

Vor dem Kauf ist die Begutachtung der Lackierung besonders wichtig, weil die Behebung von Lackmängeln beim MX-5 oft die teuerste Reparatur ist. Kontrollieren Sie zunächst, ob der Wagen eine Neulackierung in einer anderen Farbe bekommen hat. Eine nicht originale Lackierung drückt den Wert beträchtlich und wird zumindest bei nicht von Mazda verwendeten Farben die farbliche Anpassung anderer Teile erschweren.

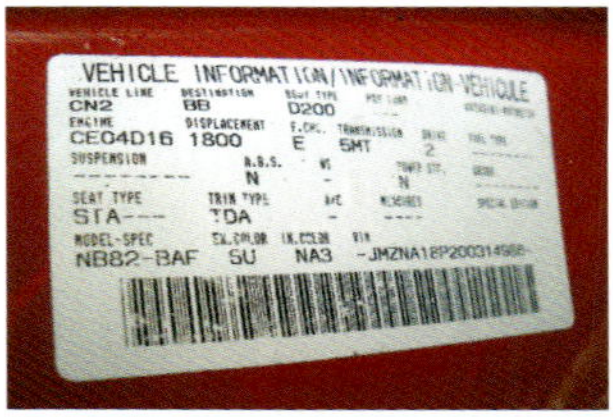

Der Aufkleber mit der Fahrzeugidentnummer befindet sich meist an der Fahrertür. Der Farbcode „SU" steht für Klassisch-Rot.

Meist ist der Originallack noch im Motorraum oder unter dem Kofferraumteppich erhalten geblieben – also schauen Sie dort nach. Vergleichen Sie die Farbe mit dem Farbcode auf dem Aufkleber mit der Identnummer. Dieser Aufkleber befindet sich entweder an der Motorraumspritzwand oder am Schließblech für die Fahrertür. Rot ist auch beim MX-5 die Farbe, die am ehesten dazu neigt, matt und unansehnlich zu werden. Oft beginnt der Lack rissig zu werden oder stellenweise abzublättern; schauen Sie also jedes Karosserieteil genau an.

Karosseriebleche

++ + o –
4 3 2 1

Die Spaltmaße sollten gleichmäßig sein, die Schweißnähte eben und gut angepasst. Achten Sie auf wellige Oberflächen, unsaubere Lackierung (Nasen, Orangenhaut, etc.) und aufgeschweißten Reparaturbleche an den Schwellern. Haben alle Bleche genau dieselbe Farbe oder wirkt der Lack an manchen Stellen frischer als an anderen?

Muss zum Auto passen: nachträglich montierte GFK-Frontschürze aus dem Zubehörhandel. Auch die Nebelscheinwerfer sind nicht serienmäßig.

Stoßstangen

++ + o –
4 3 2 1

Serienmäßig wurden Polypropylen-Stoßstangen verbaut. Sind sie fest mit dem Fahrzeug verbunden? Modifizierte vordere Stoßstangen aus dem Zubehörhandel sind recht beliebt. Oft sind sie aus Glasfaserkunststoff; schauen Sie deshalb nach

Rissen und Abplatzern. Sitzt sie gut oder wurde sie nicht sehr ordentlich angepasst? Eine schmale Spoilerlippe an der Unterkante wäre willkommen. Sind die Reflektoren an den Seiten der Stoßstangen vorhanden? In den USA müssen diese Reflektoren – genauso wie die hinteren – von innen beleuchtet sein, wenn Stand- oder Fahrlicht eingeschaltet sind.
Wie sitzt die hintere Stoßstange? Manchmal fehlt der innen angebrachte Ballast, so dass sie schlecht angepasst wirkt.

Vordere Serienstoßstange mit nachgerüsteter Spoilerlippe

Motorhaubenscharnier eines NA in gutem Zustand: Manchmal klemmt das Scharnier infolge Rostbefalls. Regelmäßiges Schmieren hilft dies vermeiden.

Motorhaube

++ + o –
4 3 2 1

Die Motorhaube des MX-5 ist aus Aluminium. Sitzt sie gerade? Ein klemmendes Scharnier kann dazu führen, dass sie sich etwas verzieht.

Kotflügel

++ + o –
4 3 2 1

Bei NA und NB sind die vorderen Kotflügel verschraubt und können leicht ausgewechselt werden. Suchen Sie nach Rost am Radlauf, vorn über der Stoßstange und hinten über dem Schweller. Die Kotflügel-Innenverkleidungen sollten nicht fehlen. Sind alle Schrauben an der Leiste zum Innenkotflügel hin vorhanden?
Hinten suchen Sie am Radlauf nach Rost und Lackblasen. Hat sich unter der Abkantung Schmutz abgelagert? Sind Beulen am Kotflügel erkennbar? Der hintere ist nicht so leicht auszutauschen, weil er verschweißt ist.

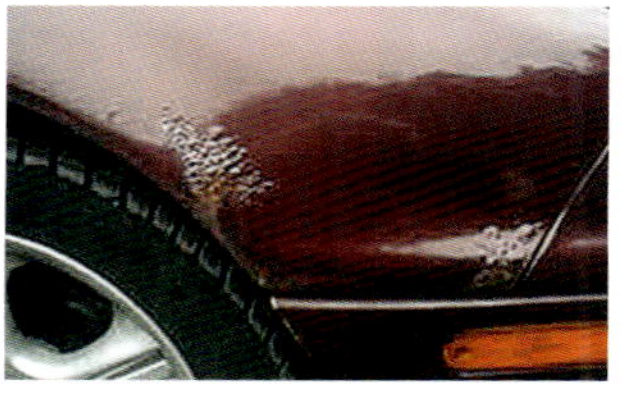

Rostiger Vorderkotflügel eines NA: Der Austausch ist meist billiger als die Reparatur.

A-Säule und Windschutzscheibenrahmen

++ + o –
4 3 2 1

Bei den ältesten Exemplaren ist der Bereich um Windschutzscheibe und A-Säule rostempfindlich. Auch hier können Lackblasen beginnende Korrosion anzeigen.

Scheibenwischer

++ + o –
4 3 2 1

Prüfen Sie den Zustand: Sind die Gummis beschädigt oder hart? Arbeiten die Wischer in allen Geschwindigkeiten? Funktionieren die Scheibenwaschdüsen? Kontrollieren Sie das Wischbild der Blätter. Gleiten die Wischer einwandfrei über die Scheibe und sorgen für Durchblick oder „schmieren" sie vielmehr?

Windschutzscheibe

++ + o –
4 3 2 1

Vor der Besichtigung sollten Sie sich informiert haben, was bei Scheibenschäden rechtlich zu beachten ist. Welcher Steinschlagkrater oder feine Riss ist noch erlaubt, welcher müsste umgehend entfernt werden? Bewerten Sie den Zustand und beachten Sie die Auswirkung auf die Betriebssicherheit. Sind alle Dichtungen und Gummis in Ordnung?

Türen

++ + o –
4 3 2 1

Parkrempler hinterlassen hier am ehesten ihre Spuren. Schauen Sie aber rund ums Auto nach Kratzern und Beulen. Ist an den Türunterkanten Rost zu finden? Wie sieht es am

Ist nahe den Türscharnieren Rost am Innenkotflügel sichtbar?

Schließblech um die Türangeln aus? Finden sich an den Innenkotflügeln, wo sie mit dem Fahrzeug verschraubt sind, Rost oder Lackblasen? Hier läuft das Regenwasser ab – ein wenig bekannter Rost-Schwerpunkt.
Wie sehen die Türscheiben aus? Funktioniert die elektrische Spiegelverstellung (der Schalter befindet sich rechts an der Armaturentafel)?
Funktionieren die elektrischen Fensterheber (falls vorhanden)? Der Hebermotor kann durchgebrannt sein, die Sicherung beschädigt oder die Kabel eingeklemmt sein, so dass sich die Scheiben nicht mehr bewegen lassen. Auch der mechanische Fensterhebemechanismus kann klemmen; dann müssen die Seilzüge erneuert werden.

Schloss und Schlüssel

++	+	o	–
4	3	2	1

Lassen sich die Türen normal aufsperren und verriegeln? Bei manchen Fahrzeugen ist die Feder zwischen Schloss und Türgriff gebrochen oder herausgerutscht, so dass der Schlüssel das Schloss nicht mehr öffnen kann. Das Schloss kann mit der Zeit schwergängig werden, Kriechöl hilft dagegen.
Meist wurden mit dem Neuwagen zwei Schlüssel geliefert, ein Hauptschlüssel für alle Schlösser und ein zweiter für Türen und Zündschloss. Es sollten möglichst beide vorhanden sein. Prüfen Sie, ob die Schlüssel an allen vorgesehenen Schlössern funktionieren.
Fehlt der Hauptschlüssel, so kann er anhand des Codes, der am Schließzylinder der Fahrertür angebracht ist, nachgefertigt werden.

Türeinstiegsleisten

++	+	o	–
4	3	2	1

Beim MX-5 sind die Türeinstiegsleisten aus schwarzem oder verchromtem Kunststoff. Schauen Sie dort, wo sie auf dem Karosserieblech aufliegen, nach Oberflächenrost, der durch darunter gesickertes Wasser entstanden ist.

Eunos Roadster und einige Sondermodelle haben verchromte Türeinstiegsleisten. An den Kanten kann Flugrost sichtbar sein, der aber leicht wegzubekommen ist.

Vordere Türschweller

++	+	o	–
4	3	2	1

Bei diesem NA hat sich der Rost durch den Türschweller gefressen. Dort, wo der Rost am weitesten vorgedrungen ist, hat sich das Blech bereits verbogen.

Suchen Sie um die beiden Ablauflöcher nach Rost und Lackblasen. Sollte der Rost bereits durchgedrungen sein, so ist bald eine Reparatur notwendig, um die weitere Ausbreitung zu vermeiden.

Hinterer Türschweller desselben NA-Fahrzeugs wie auf der vorigen Seite. Alle Abläufe waren verstopft, und so konnte das im Schweller gefangene Wasser reichlich Rost verursachen.

Ein NB mit beginnendem Rostansatz am hinteren Schwellerende

Hintere Türschweller

++ + o –
[4] [3] [2] [1]

Das Rostproblem ist das gleiche wie vorn. Es beginnt an den Ablauflöchern und breitet sich zum hinteren Kotflügel hin aus. Kontrollieren Sie den Schweller auf der gesamten Länge. Finden Sie am Falz an der Unterkante Blasen oder Rostlöcher?

Rost an Radlauf und Schweller eines NB

Außenbereich um den Kofferraum

++ + o –
[4] [3] [2] [1]

Ist in den Dichtungskanälen oder an den (früheren) Spoilerbefestigungen am Kofferraumdeckel Rost zu finden? Findet sich Oberflächenrost auf der Ober- oder Unterseite der Kofferraumhaube? Falls ein drittes Bremslicht montiert ist, funktioniert dieses? Wegen des geringen Fassungsvermögens ist es leicht möglich, dass zu hohe Ladung beim Zuschlagen Beulen am Kofferraumdeckel hinterlassen hat. Finden Sie solche Beschädigungen?

Kofferraum innen

Reserverad

++ + o –
[4] [3] [2] [1]

Befindet sich das Reserverad an seinem Platz? Ist es in gutem, brauchbarem Zustand?

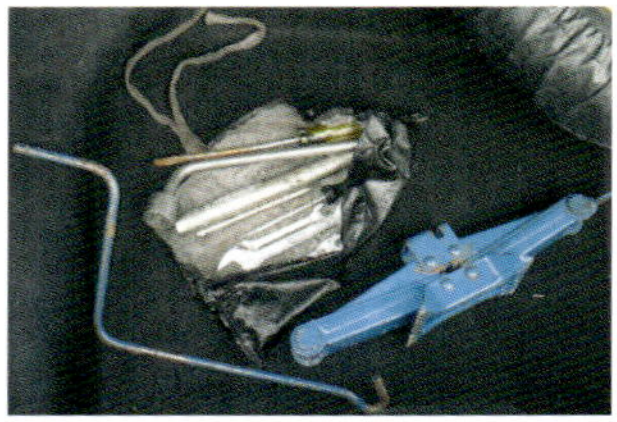

Sind Wagenheber, Werkzeugsatz und Reserverad original?

Wagenheber und Werkzeug im Kofferraum eines NA

Werkzeug

Serienmäßig sind in der Vinylrolle acht Werkzeuge enthalten – ist alles vorhanden? Ist auch der Wagenheber unter dem Kofferraumteppich verschraubt und – nur beim NA – die Kurbel dazu links an der vorderen Wand eingehängt?

Kofferraumteppich

Findet sich Rost unter dem Teppich? Sind im Batteriebereich Rost oder Spuren ausgetretener Batteriesäure zu finden? Ist der Teppich feucht? Aufgrund defekter Rückleuchten- und Antennendichtungen kann Wasser eingedrungen sein. Funktioniert – sofern vorhanden – die ggf. eingebaute elektrische Antenne und fährt sie ordnungsgemäß aus und ein?

Beim NA sitzt die Batterie in einer Vertiefung des Kofferraumbodens. Ausgetretene Batteriesäure und Wasser können hier Rost hervorrufen.

Batterie

++ + o –
4 3 2 1

Die Batterie sollte gut in der Halterung fixiert sein. Beulen, Lackschäden oder Unebenheiten weisen auf Schäden durch eine lose Batterie hin. Manchmal haben Besitzer eine stärkere Batterie nachgerüstet, die sich wegen ihrer Größe aber nicht richtig befestigen ließ. Prüfen Sie, ob der Schlauch für die Batterieentlüftung vorhanden und intakt ist.

Wichtig ist die ordentliche Befestigung der Batterie, so wie hier zu sehen.

Tankklappe

++ + o –
4 3 2 1

Die Tankklappe wird über einen Hebel in der Mittelkonsole betätigt. Dieser Mechanismus sollte funktionieren, und der aufgeschraubte Tankdeckel darf nicht fehlen.

Notfalls können die Klappscheinwerfer des NA mittels einer Kurbel im Motorraum aus- und eingefahren werden.

Beleuchtung

++ + o –
4 3 2 1

Scheinwerfer

Beim NA ist bei eingefahrenen Scheinwerfern der korrekte Sitz der Klappen zu überprüfen. Hat sich ein nachlässiger Mechaniker auf ihnen abgestützt, so werden sie an der Hinterkante nicht mehr bündig mit der Motorhaube abschließen. Man kann sie aber leicht wieder zurück drücken. Fahren die Scheinwerfer ordnungsgemäß aus und ein? Dazu gibt es zum einen den Lichtschalter an der Lenksäule und zum anderen einen Schalter unter dem Warnblinkschalter an der Armaturentafel. Letzter schaltet das Licht nicht ein. Fährt eine Lampe schneller aus als die andere, können schwergängige Scharniere die Ursache sein. Fahren sie sehr langsam aus, wird der Stellmotor verschlissen sein, manche klemmen sogar ganz. Funktionieren Abblend- und Fernlicht? Vorsicht bei Scheinwerfern, die an der vorderen unteren Kante schlecht angepasst scheinen – dies könnte ein Indiz für einen größeren Unfallschaden sein. Die NB-Scheinwerfer können matt oder blind erscheinen.

Standlicht und Blinker

Alle Lampen müssen funktionieren und fest sitzen.

Rückleuchten

Prüfen Sie, ob Rück-, Blink-, Brems- und Rückfahrlicht richtig funktionieren.

Alle am Fahrzeug befindlichen Beleuchtungseinrichtungen müssen funktionieren: Das gilt auch für eine Nebelschlussleuchte. Sonst gibt es Probleme bei der Hauptuntersuchung.

Nebelscheinwerfer

Sofern Nebelscheinwerfer montiert sind, prüfen Sie deren Funktion; der Schalter dazu sollte sich in der Armaturentafel rechts neben der Lenksäule befinden.

Nebelschlussleuchte

Funktioniert sie? Prüfen Sie bei Importfahrzeugen, ob sie montiert sind (in Japan wurde oft darauf verzichtet). Ist ein Schalter für die Nebelschlussleuchte im Innenraum vorhanden?

Verdeck und Verdeckrahmen

++	+	o	–
4	3	2	1

Bei NA und NB wurden serienmäßig Vinylverdecke verbaut, manchmal mit beheizbarer Glas-Heckscheibe, oft aber auch mit einfachem Plexiglas. Stoffverdecke waren im Zubehörhandel erhältlich. Schauen Sie sich das gesamte Verdeck von außen und innen genau an: Sind da Abplatzer, Löcher oder spröde Stellen, besonders entlang der Kanten? Achten Sie beim Stoffdachauch auf Verschleißspuren an den Faltkanten. Passt das Verdeck gut, lässt es sich leicht öffnen und schließen und lassen sich die Verdeckhaken leicht lösen und arretieren? Prüfen Sie bei geschlossenem Verdeck, ob die Abläufe verstopft sind. Fragen Sie den Verkäufer, ob die meist mitbestellte Persenning ebenfalls zu dem angebotenen Fahrzeug gehört.

Prüfen Sie das Verdeck auch von innen. Nähte können hier aufplatzen, Kleber könnte versagt haben und Schimmel infolge feuchten Innenraums kann sich einnisten.

Stoffverdeck mit beheizter Glas-Heckscheibe an einem NA

Sehr milchige Plexiglas-Heckscheibe an einem NA; das Verdeck zeigt auch schon erste Risse an den Kanten.

Heckfenster

++	+	o	–
4	3	2	1

Das hintere Plexiglasfenster ist empfindlich, kann spröde und bei kaltem Wetter rissig werden. Funktioniert der Reißverschluss um die Heckscheibe? Schauen Sie, ob die Nähte dicht sind und ob die Heckscheibe blinde Stellen oder Risse aufweist.

++ + o –
4 3 2 1

Hardtop

Das Hardtop ist ein nützliches Extra, besonders natürlich im Winter. Es hilft gegen die Diebstahlgefahr, es wird darunter schneller warm; es bietet eine etwas bessere Geräuschdämmung bei sehr guter Rundumsicht. Zudem dient es zur Versteifung der Fahrgastzelle. Die Heckscheibe ist auf Wunsch beheizbar. Prüfen Sie, ob die Arretierhaken vorn und an den Seiten und die hinteren Chromplatten vorhanden sind. Unter diesen verschraubten Platten verbergen sich Stifte, die der Aufnahme des Hardtops dienen.
Auch sollten sich an den Seiten in der Nähe der Gurtumlenkpunkte Haken für die Chromplatten befinden. Die Stecker für die heizbare Heckscheibe an Hardtop und Hutablage sowie der zugehörige Schalter an der Armaturentafel sollten ebenfalls nicht fehlen.

Das Hardtop wird beim MX-5 vorn an den Verdeckhaken und in der Nähe der Sicherheitsgurt-Befestigungspunkte eingehängt. Zuvor muss das Verdeck nur geöffnet, nicht etwa ausgebaut werden.

Als zusätzliche Sicherung befinden sich unter diesen Chromplatten weitere Hardtop-Halterungen.

++ + o –
4 3 2 1

Sitze

Je nach Modell ist der Innenraum mit Stoff- oder Ledersitzen bestückt. Die meisten Eunos-Roadster haben Lautsprecher in den Kopfstützen. Funktionieren diese? Die Kabelanschlüsse finden sich unter dem Sitz. Sind die Bezüge verschlissen? Meist ist die Außenkante des fahrerseitigen Sitzpolsters die kritischste Stelle. Ein stark verschlissener Fahrersitz bei ungewöhnlich niedrigem Kilometerstand lässt befürchten, dass am Kilometerzähler manipuliert wurde. Sind die Sitzschienen einwandfrei und lassen sich die Sitze leicht nach vorn und hinten verstellen?

Roadster-Feeling pur: Innenraum eines NA-Sondermodells mit zusätzlichen Chromapplikationen und Zusatzinstrumenten am Scheibenrahmen.

++ + o –
4 3 2 1

Teppiche

Finden sich an der Auslegware Risse oder verschlissene Stellen? Ist der Teppich hinter den Sitzen oder im Fußraum feucht? Dadurch könnte das Motorsteuergerät Schaden nehmen, das sich hinter einer Verkleidung im Beifahrerfußraum befindet. Die Teppiche sind wasserundurchlässig, schauen Sie also möglichst darunter nach. Von oben trocken wirkend, kann sich unter ihnen dennoch Wasser verbergen. Die meisten MX-5 und Roadster haben zusätzliche Fußmatten, die den Teppich schützen.

Türverkleidungen

++ + o –
4 3 2 1

Diese sind mit Kunststoffstiften an der Tür befestigt. Das Vinyl kann verschrammt oder verzogen sein. Einige NA-Sondermodelle hatten tropfenförmige Einfassungen um die Türlautsprecher aus Edelstahl oder gebürstetem Aluminium. Prüfen Sie, ob die vorn unten in den Türen montierten Lautsprecher funktionieren.

Türverkleidung eines NA-Sondermodells S-Special

Innenbeleuchtung

++ + o –
4 3 2 1

Bei frühen NA ist die Innenbeleuchtung vorn im Fußraum untergebracht, später am Innenspiegel. Prüfen Sie, ob sie vorhanden ist und funktioniert.

Innenspiegel

++ + o –
4 3 2 1

Bei frühen NA ist der Innenspiegel oben am Scheibenrahmen montiert, später an der Scheibe selbst. Hier sollte man sowohl die Befestigung als auch die Scheibe auf Beschädigungen untersuchen.

Armaturentafel und Radio

++ + o –
4 3 2 1

Beim NA ist die Armaturentafelabdeckung oft durch Sonneneinstrahlung rissig geworden, die schwarze Deckschicht kann sich stückweise oder insgesamt ablösen oder Kratzer haben.
Prüfen Sie den Radiocode und die Funktion des Radios. Das serienmäßige Radio importierter Fahrzeuge verfügt oft nur über einen eingeschränkten Frequenzbereich, wodurch nicht alle Sender zu empfangen sind.

Die Abdeckung der Armaturentafel kann verblassen und rissig werden. Bei einem solchen Zustand empfiehlt sich der Austausch gegen ein weniger gealtertes Exemplar.

Lenkrad und Hupe

++ + o –
4 3 2 1

Je nach Modell wurden unterschiedliche Lenkräder verbaut. Beim frühen NA kam es von Momo, bei dem die Verkleidung über der Nabe fehlt, so dass Momo-Logo und Hupknopf sichtbar sind. Später kam ein normales schwarzes Lenkrad mit Airbag. Einige Sondermodelle haben Nardi-Lenkräder mit schwarzem oder hölzernem Kranz. Meist wurde das Lenkrad durch eines aus dem Zubehörhandel ersetzt. Prüfen Sie, ob die Hupe funktioniert und achten Sie bei Zubehörteilen auf eine entsprechende Betriebserlaubnis (ABE).

Bei einigen Eunos-Sonderausführungen findet man ein Nardi-Lederlenkrad wie dieses.

Pedale

++ + o –
4 3 2 1

Passt der Verschleiß der Pedalgummis zur Laufleistung des Fahrzeugs? Falls möglich, schauen Sie nach Ermüdungsrissen an der Pedalbox, durch die sich das Gaspedal so verbiegt, dass die Vollgasstellung nicht mehr erreicht werden kann. Einige Sondermodelle hatten Aluminiumauflagen auf Pedalen und Fußablage.

Manche NA erhielten Alupedale aus dem Zubehörhandel. Die Fußmatten waren für den japanischen Markt vorgesehen. Für den Eunos-Roadster gab es auf Wunsch noch weitere Dessins.

Räder

++ + o –
4 3 2 1

Serienmäßig haben NA und NB 14-Zoll-Räder, auf manchen Sondermodellen sind 15-zöllige Ausführungen montiert. Auch wenn über die empfehlenswerte Größe in MX-5-Fachkreisen unablässig diskutiert wird, so scheint sich die Auffassung durchgesetzt zu haben, dass in puncto Praktikabilität und Handling die 15-Zöller die bessere Wahl sind. Alufelgen sind ein beliebtes Zubehör, das zu vielen Sonderausstattungen gehört. Auch wurden oft Felgen aus dem Zubehörhandel angebaut. Schauen Sie sich jede Felge genau an, auch unter den (meist verloren gegangenen) Radkappen. Sind alle vier Radmuttern vorhanden? Sind die Felgenhörner beschädigt?

Serienmäßige 14-Zoll-Felge, typisch für den NA

Reifen

++ + o –
4 3 2 1

Prüfen Sie, ob die Räder für das Modell die richtigen sind, indem Sie diese mit der Zulassung vergleichen. Spezielle Felgen bedürfen der Eintragung. Achten Sie auf den Zustand der Felgen. Rost kann Risse verursachen. Bewertet werden Originalität, Hinweise auf bearbeitete Radläufe und scheuernde Reifen sowie der allgemeine Zustand. Die auf dem zum Verkauf stehenden MX-5 montierten Reifen sollten nicht überaltert sein (Baujahr der Reifen ist aus einer Zahlenkombination an der Reifenflanke ersichtlich) und keine Beschädigungen (Risse an den Flanken) oder ungleichmäßige Abnutzungsspuren (falsche Fahrwerkseinstellung bzw. Schäden an der Radaufhängung) aufweisen. Auch sollten es vier Reifen desselben Typs sein. Fahrzeuge mit langen Standzeiten haben zumeist beschädigte Reifen.
Für das Fahrverhalten sind die Reifen entscheidend, der Luftdruck in ihnen sollte rundum bei 1,8 bar liegen.

Sehr schöne 15-Zoll-Felgen von BBS, wie sie beispielsweise bei einigen Eunos-Sondermodellen verwendet wurden.

Bremsen

++ + o –
4 3 2 1

Überprüfen Sie die Bremsscheiben auf Verschleiß und Riefen, die Bremsklötze auf Reststärke. Ersatzteile sind preiswert zu beschaffen. Der 1,8-Liter hat größere Scheiben und Beläge als der 1,6-Liter. Durch lange Standzeit können die Bremskolben festgegangen sein; Ersatz oder überholte Teile sind aber leicht zu beschaffen. Überprüfen Sie die Funktion der Handbremse.

Prüfen Sie den Verschleiß von Bremsscheiben und -klötzen. Prüfen Sie auch die Bremsleitungen auf Korrosionsbefall.

Zahnriemen

++ + o –
4 3 2 1

Der Zahnriemen sollte alle 100.000 km erneuert werden, spätestens alle fünf Jahre. Fragen Sie den Verkäufer, wann dies zuletzt erfolgt ist. Ist keine klare Aussage erhältlich, müsste dies bei der Preisverhandlung berücksichtigt werden. Zum Glück sind bei reißendem Zahnriemen keine Schäden an Ventilen und Kolben zu befürchten, allerdings muss der Wagen dann abgeschleppt werden.

Keilriemen für Lichtmaschine und Lenkhilfe

++ + o –
4 3 2 1

Prüfen Sie beide Keilriemen auf Risse oder Verschleiß, die auf einen bald erforderlichen Wechsel hindeuten.

Im Motorraum des NB sieht es genauso aus wie im NA.

NA-Motorraum mit Domstrebe, Saugrohr und Luftfilter aus dem Zubehörhandel

Kraftstoffleitungen

++ + o –
4 3 2 1

Die Kraftstoffschläuche aus Gummi dürfen nicht rissig, porös oder undicht sein.

Kühler, Kühlwasserschläuche und Ventilator

++ + o –
4 3 2 1

Prüfen Sie bei kaltem Motor den Kühlwasserstand. Sieht es braun und rostig aus, wird es lange nicht gewechselt worden sein. Achten Sie darauf, dass keine Schläuche porös oder hart sind und dass sie mit den Schellen fest arretiert sind. Achten Sie bei laufendem Motor darauf, ob Wasser aus Kühler oder Schläuchen austritt. Sind im Motorraum generell Spuren von Kühlwasserverlust zu finden?

Waschwasserbehälter

++ + o –
4 3 2 1

Ist er vorhanden? Falls leer, füllen Sie ihn auf und prüfen, ob die Scheibenwaschanlage funktioniert. Beim NA mit ABS befindet sich der Behälter hinter der Vorderstoßstange, seine Halterungen rosten gern, so dass der Behälter auch gerne mal verloren wird. Prüfen Sie also deren Zustand.

Die Kühlflüssigkeit sollte sauber aussehen – grünlich, rosa oder bläulich, aber nicht braun oder grau. Dieser Kühler wurde zu reichlich gefüllt.

Der serienmäßige Auspuffkrümmer ist hinter einem Hitzeschutzschild versteckt, das sich losvibrieren und klappern kann.

++ + o –
4 3 2 1

Auspuffkrümmer

Die serienmäßige Ausführung des Krümmers verbirgt sich meist hinter einem Hitzeschutzschild. Bei Tuningausführungen fällt zunächst die besondere Bauart ins Auge, denn dort sind meist mehrere einzelne Rohre zu erkennen. Ist der Krümmer richtig angebaut? Die Schutzschilde können sich losvibrieren und klappern.

++ + o –
4 3 2 1

Kurbelwellen-Riemenscheibe

Wichtig: Handelt es sich um die anfällige Ausführung mit vier Schlitzen oder die robustere mit acht? In ersterem Fall schauen Sie, ob die Riemenscheibe bei laufendem Motor rund läuft.

++ + o –
4 3 2 1

Wasserpumpe

Kontrollieren Sie im Leerlauf, ob Wasser austritt. Es sammelt sich unten, wo sich die Kurbelwellen-Riemenscheibe befindet. Kann man die Pumpen-Riemenscheibe hin- und herbewegen, zeigt dies ebenfalls Verschleiß an.

++ + o –
4 3 2 1

Flüssigkeiten

Lenkservo

Prüfen Sie, ob der Füllstand stimmt.

Bremsflüssigkeit

Prüfen Sie, ob der Füllstand stimmt, also zwischen Min- und Max-Markierung steht. Die Farbe sollte hell und golden sein. Bestenfalls zeigt ein Servicezettel an, wann zuletzt die Flüssigkeit gewechselt wurde.

Kupplungsöl

Niedriger Füllstand lässt meist auf einen undichten Nehmerzylinder schließen.

Kühlwasser-Ausgleichsbehälter

Achten Sie auf Ölverunreinigungen im Wasser. Im Idealfall sollte der Behälter halbvoll sein. Ist er leer, wird die Kühlanlage undicht sein. Ist das Wasser braun mit Rosträndern, wird das Kühlwasser-Frostschutz-Gemisch nicht regelmäßig erneuert worden sein.

Ölstand und -zustand

++ + o –
4 3 2 1

Undichtigkeiten

Achten Sie genau auf Ölverluste. Typische Stellen dafür sind die Motorrückseite (Nockenwellendichtung) und die Ventildeckeldichtung (Dichtungsschaden).

Ölpeilstab

Wie sieht das Öl aus? Kann man beim Reiben zwischen den Fingern darin Fremdkörper wie Metallpartikel spüren?

Öleinfülldeckel

Das Öl im Verschluss darf dunkel, aber nicht klebrig sein. Ein milchig-cremiger Film ist ein Zeichen für Wasser im Öl, was wiederum Schäden im Motor verursacht haben kann. Bei fast ausschließlich im Kurzstreckenbetrieb eingesetzten Fahrzeugen kann dieses Symptom allerdings häufiger beobachtet werden und muss nicht zwangsläufig Folge eines Motorproblems sein.

Ist Wasser ins Öl gelangt? Hier ist alles in Ordnung.

Sicherungskasten

++ + o –
4 3 2 1

Prüfen Sie, ob alle Sicherungen vorhanden sind; genauere Angaben dazu sind auf den Deckel des Sicherungskastens aufgedruckt.

Auf dem Deckel des Sicherungskastens ist aufgedruckt, was darin sein sollte.

Unterbodeninspektion

++ + o –
4 3 2 1

Schauen Sie hinter die vordere Stoßstange: Zeigt verbogenes Blech frühere Unfallschäden an? Ist die oft fehlende Motorraum-Unterbodenverkleidung vorhanden? Sie schützt den Motor und leitet den kühlenden Luftstrom. Suchen Sie nach Öl- und Wasseraustritten am Motor (die Froststopfen können undicht sein) und nach Ölverlust am Getriebe. Sind am Unterboden Rostschäden festzustellen?

Die schwarze 80-Ampere-Hauptsicherung wird von unten in den Sicherungskasten hineingeschraubt, die restlichen werden von oben hereingesteckt.

Fahrwerk und Radaufhängungen

++ + o –
4 3 2 1

Längsträger

Begutachten Sie genau die Längsträger, die oft Bodenkontakt ertragen müssen. Achten Sie also auf Rostfraß. Falsch angesetzte Wagenheber können die Träger zusammendrücken und nachhaltig beschädigen (ebenfalls Korrosionsgefahr).

NB-Exemplare können an den vorderen Fahrwerksaufhängungspunkten rostig sein.

Hier sieht man dasselbe Fahrzeug von der anderen Seite.

Die Karosserielängsträger können durch Bodenkontakt in Mitleidenschaft gezogen worden sein und rosten.

Die Fahrwerkskomponenten sollte man von unten auf Rostbefall oder verschlissene Buchsen und beschädigte Traggelenke überprüfen, so wie hier.

Fahrwerksträger

Achten Sie auf Korrosion an den Fahrwerksträgern um die Querstabilisatoraufhängungen herum. Das zweilagige Blech ist hier leider besonders rostanfällig. Eine Reparatur in diesem Bereich ist möglich, aber aufwändig.

++ + o –
4 3 2 1

Bodenblech

Schauen Sie sorgfältig nach Rost, Löchern und Spuren früherer Reparaturen. Sind diese Reparaturen ordentlich und fachgerecht ausgeführt worden? Schäden in diesem Bereich beeinträchtigen die Stabilität der Karosserie und das Fahrverhalten; deshalb kennt der TÜV hier kein Pardon.

++ + o –
4 3 2 1

Differenzial und Antriebswellen

Ist das Differenzial öldicht? Sind die Gummimanschetten an den Kreuzgelenken intakt? Falls dies nicht der Fall ist, besteht das Fahrzeug auch keinesfalls die nächste Hauptuntersuchung.

++ + o –
4 3 2 1

Bremsschläuche und -leitungen

Achten Sie penibel auf Undichtigkeiten an den Schläuchen. Schläuche können porös werden und reißen, was dem TÜV nicht gefällt. An vielen Fahrzeugen wurden Metallbremsschläuche aus dem Zubehör nachgerüstet.

Bremsleitungen können korrodieren; kunststoffummantelte Ausführungen halten in der Regel länger.

Lenkgetriebe

++ + o –
4 3 2 1

Weist das Lenkgetriebe Spiel auf? Bewegen Sie dazu das Lenkrad und schauen Sie, ob die Räder entsprechend reagieren. Ist das Servounterstützungssystem dicht?

Stoßdämpfer

++ + o –
4 3 2 1

Deuten feuchte Stellen am Dämpfer auf Ölaustritte hin? Hat jeder Stoßdämpfer einen Anschlagpunkt? Eventuell wurden Dämpfer aus dem Zubehörhandel eingebaut. Die serienmäßigen von Bilstein sind schwarz oder an Sondermodellen gelb. Sportdämpfer aus dem Zubehörhandel sind unterschiedlich lackiert, bei manchen sind Härte und Weg einstellbar. Ein Sportfahrwerk mit Tieferlegungen erkennt man daran, dass der Wagen merklich sportlicher dasteht und zwischen Reifen und Radlauf ein deutlich geringerer Höhenabstand als in der Serienausführung feststellbar ist. Wie sehen die Fahrwerksbuchsen aus? Ältere neigen zu Verschleiß und sind nicht selten porös. Ein Sportfahrwerk sorgt in der Regel mit seiner strafferen Abstimmung für mehr Verschleiß an den Aufhängungsteilen.

Dieser NA hat einstellbare Stoßdämpfer aus dem Zubehörhandel montiert bekommen.

Federn

++ + o –
4 3 2 1

Achten Sie auf Risse oder Beschädigungen. Zu viel Korrosion beinflusst die Federrate und -wirkung negativ. In diesem Fall sollten Sie einen Tausch der Federn einplanen.

Manschetten an Kreuzgelenken

++ + o –
4 3 2 1

Verschlissen oder beschädigt stellen sie bei der Hauptuntersuchung ein ernstes Problem dar, also genau hinschauen! Eindringender Schmutz kann die Bauteile dauerhaft beschädigen und so gefährliche Defekte verursachen.

Dreieckslenker

++ + o –
4 3 2 1

Traggelenke und Fahrwerksbuchsen halten in der Regel anstandslos bis jenseits der 100.000-Kilometer-Grenze. Trotzdem sollte man genau hinschauen: Machen die Buchsen einen porösen oder verschlissenen Eindruck? Bei der Probefahrt würde dies offensichtlich werden durch schlechte Federung, Klopfen, Quietschen und Ähnliches. Oberflächenrost in angemessenem Rahmen ist akzeptabel. Verbogene Dreieckslenker verraten immer einen Unfallschaden.

Hilfsrahmen

++ + o –
4 3 2 1

Schauen Sie, ob Sie Korrosionsspuren an den Alublechen finden.

Querstabilisatoren

++ + o –
4 3 2 1

Diese Bauteile sollten keine sichtbaren Beschädigungen aufweisen. Achten Sie auch an dieser Stelle auf den Zustand der Buchsen (eventuell verschlissen oder porös?). Stabilisatoren aus dem Zubehörhandel werden nicht wie die serienmäßigen schwarz sein, sondern farbig. Eventuell weisen Nachrüstungen zusätzliche Löcher zur Fahrwerkseinstellung auf. Sind die Buchsen am Anlenkgestänge richtig montiert? Bei älteren Fahrzeugen werden Sie zwangsläufig Oberflächenrost an den Stabis finden, schwerere Rostschäden sollten Sie jedoch nicht akzeptieren.

Radhaus hinten

++ + o –
4 3 2 1

Ein für die Hauptuntersuchung relevanter Punkt sind die Sicherheitsgurt-Aufhängungspunkte. Finden Sie in diesem Bereich Rost oder sogar Löcher? Um genau hinsehen zu können, werden Sie die Innenverkleidung des Radhauses entfernen müssen. Achten Sie auf Anzeichen früherer Reparaturen und darauf, wie gut sie ausgeführt wurden. In diesem Bereich sammelt sich der Straßenschmutz besonders gern, was Sie übrigens auch bedenken sollten, wenn Sie selbst unter dem Fahrzeug stehen, um diese Stellen zu inspizieren.

Die Innenkotflügel sind wegen der Verkleidung nicht leicht auf Rostbefall zu inspizieren, aber hier ist die Rostgefahr beim MX-5 am größten. Prüfen Sie, ob es deswegen schon eine Beanstandung bei der letzten Hauptuntersuchung gegeben hat.

Auspuff

++ + o –
4 3 2 1

Der MX-5 liegt sehr flach auf der Straße, weshalb Kratzer und Beulen am Auspuff nicht selten zu finden sind. Schauen Sie sich den Auspuff von unten genau an: Ist er beschädigt, sind Spuren von Rost oder Undichtigkeiten zu erkennen? Wenn ein Austausch ansteht, sollte man an eine Ausführung in Edelstahl denken, die für etwa 350 € angeboten wird. Sollte der Vorbesitzer aus irgendwelchen Gründen den Kat ausgebaut haben, kommen nochmals nicht unerhebliche Kosten auf den Käufer zu. Alternativ kann man versuchen, auf dem Gebrauchtteilemarkt fündig zu werden.

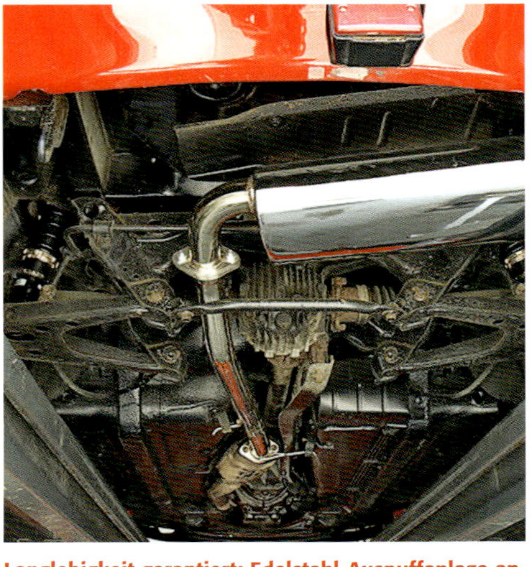

Langlebigkeit garantiert: Edelstahl-Auspuffanlage an einem NA.

Die unten angebrachten Hitzeschutzschilde vibrieren sich gern los und klappern bei laufendem Motor. Bei einem BBR Turbo prüfen Sie den Krümmer auf Risse. Diese entstehen aufgrund extremer Temperaturunterschiede. Solche Risse werden Sie erst sehen, wenn Sie den Hitzeschutzschild abgenommen haben.

Der Sport-Krümmer aus dem Zubehörhandel an diesem 1,8-Liter sorgt für mehr Leistung.

Es gibt Besitzer, die bei frühen NA-Modellen den Kat durch ein einfaches Rohr ersetzt haben.

Anlassen des Motors

++ + o –
4 3 2 1

Springt er nicht gleich an? Schuld daran kann natürlich eine Reihe von Gründen sein – angefangen bei verschlissenen Zündkabeln (Zündgeschirr sollte alle 50.000 km erneuert werden) und Zündkerzen bis hin zu einem defekten Steuergerät. Technisch weniger versierte Interessenten könnte dies vom Kauf abhalten.

Der MX-5 verfügt über hydraulischen Ventilspielausgleich. Klappern die Ventile nach der Probefahrt immer noch, ist ein Ölwechsel wahrscheinlich mehr als überfällig. Dies gilt besonders, wenn das Fahrzeug längere Zeit stillgestanden hat. Allerdings sollte man Motoren, die sehr lange gestanden haben, auch nicht ohne weitere Vorbereitungen einfach anlassen. Schafft ein Ölwechsel auch keine Abhilfe, können die Stößel verschlissen oder verschmutzt sein. Dann kann man die Anschaffung neuer Hydrostößel in Erwägung ziehen.

Springt der warmgelaufene Motor nach dem Abstellen problemlos wieder an?

Leerlauf im Stand

++ + o –
4 3 2 1

Drehen Sie das warmgelaufene Triebwerk langsam immer höher und achten Sie dabei auf klopfende Geräusche, die einen Haupt- oder Pleuellagerschaden anzeigen. Ist der Leerlauf gleichmäßig? Schwankt die Drehzahl oder fällt sie plötzlich ab, wird die Leerlaufdüse nachgestellt werden müssen (der MX-5 ist für diese Krankheit bekannt). Machen die Keilriemen Geräusche, müssen sie meist nur neu gespannt werden.

Leerlaufschraube an einem 1,6-Liter-NA; beim 1,8-Liter zeigt sie nach links.

Auspuffrauch

++ + o –
4 3 2 1

Weißer Rauch deutet auf Wasser in den Brennräumen hin, was die Diagnose eines Kopfdichtungsschadens nahelegt. Die Reparatur können handwerklich geschickte

Unrunder Lauf hat meist mit der Zündspule oder den Zündkabeln zu tun.

Wegen der schlechten Einstellung des aufgeladenen Motors ist es zu diesen Schäden am Kolbenboden gekommen.

Hobby-Schrauber in der Regel selbst durchführen. Blauer Qualm ist auf verschlissene Ventilschaftdichtungen oder Kolbenringe zurückzuführen. Hier übersteigt der Reparaturaufwand häufig die eigenen Möglichkeiten, so dass – teure – professionelle Hilfe in Anspruch genommen werden sollte.

Probefahrt

++	+	o	–
4	3	2	1

Fahrleistungen

Bei der Probefahrt sollte das Verdeck möglichst geschlossen sein, damit Sie verräterische Geräusche besser wahrnehmen können.
Bei Leistungsverlust, verzögerter Gasannahme oder Fehlzündungen ist Vorsicht geboten. Zündkerzen, -kabel oder -spulen müssen erneuert oder die Nockenwellen-Steuerzeiten neu eingestellt werden. Schlimmstenfalls kann dies unter Umständen auf einen Lagerschaden hindeuten. Am besten lässt man die Finger von einem solchen Fahrzeug, es sei denn, Sie sind willens und in der Lage, diese mechanischen Defekte zu beheben. Mit einem Kompressionsdiagramm kann man das Risiko eingrenzen. Achten Sie auf Klingeln und Klopfen, besonders bei aufgeladenen Motoren. Schlechte Einstellung kann zum Motorschaden führen.

Kompression

Ein Kompressionsdiagramm kann bei Zweifeln mehr über den Zustand des Motors verraten. Erwarten Sie in jedem Zylinder 12 bis 13 bar. Bei einer neuen Maschine sind 13,3 bar der Richtwert. Am besten sind Werte nah an 13 bar. Bei einem gebrauchten Motor wären 9,3 bar aber noch akzeptabel, jedoch dürfen die Werte in den einzelnen Zylindern um nicht mehr als 2 bar voneinander abweichen. Halten Sie sich beim Kompressionstest immer genau an die Herstellerangaben.

Kupplung

++	+	o	–
4	3	2	1

Wie fühlt sich die Kupplung an, kuppelt sie weich ein? Rutscht sie? Die Kupplung sollte auf halbem Pedalweg greifen, greift sie erst am Ende, ist baldiger Austausch nötig.
Greift sie viel früher oder fühlt sie sich steif an, deutet dies auf einen defekten Geber- oder Nehmerzylinder hin. Niedriger Kupplungsflüssigkeitsstand würde diese Diagnose bestätigen. Beide sind nicht teuer, auch der Laie kann sie leicht einbauen.
Ein schleifendes Geräusch im Leerlauf, das bei Betätigung der Kupplung verschwindet, kündet von einem verschlissenen Ausrücklager.

Getriebe

++	+	o	–
4	3	2	1

Das MX-5-Getriebe ist ein herrlich zu bedienendes Aggregat, präzise und mit kurzen Schaltwegen. Prüfen Sie alle Gänge, und zwar möglichst mehrmals. Ist der Schalthebel etwas schwergängig, könnte es an der Schmierung des Schaltgestänges mangeln.
Die Schaltung kann auch, besonders im kalten Zustand und in den unteren Gängen, hakelig oder schwergängig wirken.
Heulende Geräusche aus dem Getriebe verraten verschlissene Lager.

Dieses Sondermodell V-Spec hat ein Automatik-Getriebe.

Automatik

Auf Wunsch gab es den MX-5 mit einer Viergang-Automatik. Wegen der fahrerorientierten Charakteristik des Wagens und des gelungenen Schaltgetriebes war sie freilich nicht sonderlich beliebt. Die Automatik scheint keine Schwächen zu kennen, dennoch sollten Sie nach dem Ölstand schauen. Riecht das heiße Getriebeöl verbrannt, sollten Sie den Wagen nicht kaufen. Hüten Sie sich auch vor glitzernden Metallpartikeln im Automatiköl.

Differenzial

++ + o –
4 3 2 1

Macht es Heulgeräusche? Gegen Ende seiner Lebensdauer wird Spiel spürbar.

Lenkgefühl

++ + o –
4 3 2 1

Wie fährt sich der Wagen bei hohem Tempo? Spürt man Vibrationen durch das Lenkrad oder zieht der Wagen nach einer Seite? Müssen die Räder eventuell ausgewuchtet werden oder ist eine Spureinstellung erforderlich? Vermittelt der Wagen kein gutes Fahrgefühl, so kann eine Einstellung der Achsgeometrie erforderlich sein. Die richtige Fahrwerkseinstellung kann das Fahrverhalten grundlegend verbessern.

Fahrkomfort

++ + o –
4 3 2 1

Wie verhält sich der Wagen bei Kurvenfahrt: Wankt er, hören Sie Geräusche von den Radaufhängungen? Verschlissene Buchsen und undichte Stoßdämpfer verursachen Quietschgeräusche, besonders bei Unebenheiten, und beeinträchtigen das Handling.

Bremsen

++ + o –
4 3 2 1

Bleibt der Wagen beim Bremsen in der Spur, können Sie Vibrationen durch das Lenkrad spüren, ist der Bremsweg ausreichend kurz? Fühlt sich das Bremspedal schwammig an? Alle diese Symptome (einseitiges Ziehen, Vibrationen im Lenkrad, zu lange Bremswege, schwammiges Bremspedal) zeigen, ob die Bremsen überholungsbedürftig sind. Auch der Flüssigkeitsstand im Vorratsbehälter des Hauptbremszylinders lässt Rückschlüsse auf den Verschleiß der Bremse zu.

Handbremse

++ + o –
4 3 2 1

Hält die Handbremse den Wagen an einer Steigung? Falls nicht, muss sie eingestellt oder repariert werden.

Räder

++ + o –
4 3 2 1

Hören Sie ein rauschendes oder sirrendes Geräusch, kann dies auf verschlissene Radlager deuten.

Instrumente

++ + o –
4 3 2 1

Prüfen Sie, ob alle elektrische Funktionen ordnungsgemäß arbeiten: Stand-, Abblend- und Fahrlicht, dass die Klappscheinwerfer des NA problemlos aus- und einfahren, Blinker, Scheibenwischer, Scheibenwaschanlage und Hupe. Liefert die Heizungsanlage heiße und kalte Luft, funktioniert – sofern vorhanden – die Klimaanlage bei laufendem Motor (bei anlaufendem Kompressor hören Sie, wie die Motordrehzahl zurückgeht)? Bei älteren Fahrzeugen könnte die Klimaanlage überhaupt nicht funktionieren, weil sich der Vorbesitzer die recht kostspielige Umrüstung von dem heute unzulässigen Kältemittel auf ein modernes erspart und deshalb auf eine Wiederbefüllung verzichtet hat.

Die Genauigkeit der Tankanzeige lässt sich meist erst nach dem Kauf überprüfen. Eine

Öldruckanzeige an einem Eunos Roadster

Das ab 1994 eingesetzte Instrument zeigt keine Werte an, sondern gibt nur an, ob Öldruck da ist.

falsche Anzeige liegt meist an einem fehlerhaften Geber, der sich aber leicht und preiswert austauschen lässt. Eine Warnleuchte für niedrigen Kraftstoffstand fehlt.

Tacho und Drehzahlmesser

Bei einem Importfahrzeug könnten Sie einen Meilentacho vorfinden, so dass der Austausch nötig wäre. Prüfen Sie während der Probefahrt, ob er richtig funktioniert. Ein Zittern der Nadel kann durch den schwachen Magneten oder durch fehlende Schmierung des Tachokabels verursacht sein.

Öldruckanzeige

Frühe NA bis etwa 1994 verfügen über eine Öldruckanzeige, die bei manchen Importfahrzeugen auf psi kalibriert ist. Bei höherer Drehzahl steigt der angezeigte Wert, der bei kaltem Motor hoch ist, bei warmem Triebwerk pendelt er sich zwischen 2,5 und 3 kg/cm² an. Ab 1994 hat die Anzeige nur noch eine funktionsüberwachende Aufgabe: Sie zeigt lediglich an, ob überhaupt Öldruck aufgebaut wird. Der Zeiger bewegt sich also während der Fahrt nicht und steht immer knapp über dem Mittelwert.

Temperaturanzeige beim NA in Idealstellung

Wassertemperaturanzeige

Die Anzeige sollte stets links vom Mittelwert bleiben. Prüfen Sie dies auf der Probefahrt immer wieder. Steigt der Zeiger deutlich höher, liegt ein Kühlungsproblem vor.

Wegfahrsperre und Alarmanlage

++	+	o	–
4	3	2	1

Für einen offenen Wagen unverzichtbar. Fehlt eine entsprechende Vorrichtung, wird die Versicherung meist spürbar teurer. Die Nachrüstung kann dann der günstigere Weg sein. In den meisten Fällen ist aber eines oder beides bereits vorhanden – dann sollten Sie die Funktion überprüfen. Auch empfiehlt es sich zu überprüfen, ob die Rechnung über die Nachrüstung sich bei den Fahrzeugpapieren findet. Für die Versicherung müssen Sie Marke und Modell nennen können, ebenso wenn Sie einen Reserveschlüssel haben wollen.

Nummernschilder

++ + o –
[4] [3] [2] [1]

Sind sie fest montiert, lesbar und vorschriftsmäßig?

Fahrzeugidentnummer

++ + o –
[4] [3] [2] [1]

Die Identnummer findet man auf einem weißen Aufkleber an der Motorraumspritzwand oder am Schließblech der Fahrertür. Manchmal fehlt dieser Aufkleber, z.B. nach einer Nachlackierung. Die Identnummer beginnt bei Autos für Europa mit JMZ, für den japanischen Eunos Roadster mit NA.
Die Motornummer ist bei NA und NB schwer abzulesen, man findet sie hinten am Motorblock, links nahe der Motorraumspritzwand. Bei 1.6 und 1.8 ist die Nummer auch in die Ölwanne eingeschlagen. Prüfen Sie, ob die Nummer mit der im Fahrzeugbrief übereinstimmt.

Papiere

++ + o –
[4] [3] [2] [1]

Lassen Sie sich den Fahrzeugbrief oder ausländischen Eigentumsnachweis vorlegen, ebenso das Protokoll der letzten Hauptuntersuchung. Ein Garantieheft mit allen Inspektionsstempeln ist immer gut. Schauen Sie auch, wie viel (oder wenig) der Vorbesitzer in das Fahrzeug an Reparaturen investiert hat. Prüfen Sie auch, ob auf dem Prüfbericht der Hauptuntersuchung angegebene Mängel inzwischen behoben wurden und was noch getan werden muss.

Auswertung

Addieren Sie nun alle Punkte:

296 Punkte = Exzellent, fast Concours
222 Punkte = Gut bis sehr gut
148 Punkte = Durchschnitt bis gut
74 Punkte oder weniger = Schlecht

Jeder Wagen über 207 Punkte ist uneingeschränkt brauchbar und erfordert ein Minimum an Reparaturen. Regelmäßige Wartung und Sorgfalt werden den Wagen in gutem Zustand erhalten.
Kandidaten zwischen 152 und 206 Punkte erfordern einige Aufmerksamkeit hinsichtlich der Reparaturkosten, um einen vernünftigen Kaufpreis auszuhandeln.
Fahrzeuge zwischen 74 und 151 Punkten bedürfen einer Komplettrestaurierung, wobei die Kosten unabhängig von der Punktzahl etwa gleich hoch sein werden.

10 Auktionen – ein anderer Weg zum Traumwagen

Pro und Kontra

Pro: Die Preise sind im Allgemeinen niedriger als bei Händlern oder privaten Verkäufern und man kann möglicherweise ein echtes Schnäppchen machen. Professionelle Versteigerer haben zumeist alle Formalitäten mit dem Verkäufer erledigt.
Kontra: Man muss allein der Beschreibung im Katalog vertrauen. Die Möglichkeiten zur Überprüfung sind begrenzt und eine Probefahrt ist nicht möglich. Auktionsmodelle sind oft in einem unterdurchschnittlichen Zustand und verlangen nach zusätzlichen Reparaturen.

Welche Auktion?

Die Veranstaltungen der etablierten Auktionshäuser werden in Automobilmagazinen oder auf den Internetseiten der Unternehmen angekündigt. Der Katalog oder eine einfache Aufstellung der zum Aufruf kommenden Modelle ist erst kurz vor der Auktion erhältlich. Allerdings veröffentlichen die Unternehmen ihre Angebote auch schon früher auf ihren Internetseiten. Nehmen Sie Kontakt mit dem Auktionshaus auf, um die Ausrufpreise zu erfahren. Details der bereits gelaufenen Auktionen sind zumeist im Netz zu erfahren und ein guter Indikator.

Katalog, Eintrittsgelder und Zahlungsmodalitäten

Der Katalog fungiert oftmals auch als Eintrittskarte für zwei Personen während der Besichtigungstage und für die Auktion selbst. Die Angaben in den Katalogen sind zumeist kurz und knapp, enthalten aber in der Regel Angaben über die Zahl der Besitzer, den Kilometerstand und die Wartungsgeschichte des Wagens. Der angegebene Ausrufpreis gibt eine erste Andeutung, in welchen Kategorien man sich bewegt, und gleichzeitig werden im Katalog auch die verschiedenen Zahlungsformen sowie das verlangte Aufgeld angegeben. Zumeist verlangt der Auktionator Barzahlung, es sind aber auch andere Modalitäten wie Zahlung mit Kreditkarte oder mittels eines von der Bank bestätigten Schecks möglich. Kein Fahrzeug wird herausgegeben, bevor nicht alle Zahlungsmodalitäten geklärt sind. Bei Verzögerungen kann der Auktionator Lagergebühren verlangen.

Aufgeld

Bei der Kalkulation darf man unter keinen Umständen das Aufgeld vergessen. Daneben können noch andere Steuern fällig werden.

Besichtigung

Bei den meisten Auktionen ist vorab eine Besichtigung der Wagen möglich. Hilfskräfte des Auktionators sind dabei durchaus bereit, die Motor- oder Kofferraumhaube zu öffnen und sie werden es auch zulassen, dass man den Innenraum besichtigt. Der Motor kann zwar gestartet werden, eine Probefahrt aber ist absolut ausgeschlossen. Man darf den Wagen auch von unten überprüfen, aber mit Sicherheit wird man die Bitte, den Wagen auf eine Bühne zu stellen, ablehnen. Man kann allerdings die wichtigsten Dokumente einsehen.

Bieten

Bevor man sich an einer Auktion beteiligt, sollte man sich unbedingt über sein persönliches

Höchstgebot im Klaren sein und – auch wenn es mitunter schwer fallen mag – dabei bleiben.
Bis das begehrte Auto aufgerufen wird, vergeht meistens einige Zeit, die man nutzen kann, um die anderen Bieter zu beobachten. Ist der anvisierte Wagen an der Reihe, sollte man die Aufmerksamkeit des Auktionators auf sich ziehen indem man ein frühes Gebot abgibt. Der Auktionator wird dann immer zu Ihnen blicken, um eine Reaktion auf ein Gebot zu bekommen. Zumeist wird in genau definierten Schritten gesteigert, was sich erst ändern kann, wenn die Gebote langsamer kommen. Dann werden auch kleinere Schritte akzeptiert. Wenn man sich aus dem Gebotgefecht verabschieden will, sollte man dies dem Auktionator unmissverständlich signalisieren – ein deutliches Kopfschütteln sollte reichen.
Bei einem erfolgreichen Gebot notiert sich der Auktionator die Nummer Ihrer Karte, und von nun an sind Sie für den Wagen verantwortlich.
Wird der Wagen nicht verkauft, weil er schlicht kein ausreichendes Interesse fand oder unter dem Ausrufpreis blieb, gibt es immer noch die Möglichkeit, mit dem Besitzer – unter Vermittlung des Auktionators – direkt zu verhandeln.

Erfolgreiches Gebot

Bereits im Vorfeld sollte man sich für diesen Fall ein paar Gedanken gemacht haben. Wie wird der Wagen nach Hause transportiert und welche Versicherung wird dafür benötigt? Die Versicherungsfrage sollte man auf jeden Fall bereits vor der Auktion geklärt haben. Ist der Wagen nicht fahrbereit: Kann man ihn auf einem Anhänger transportieren oder muss man die Aufgabe an ein qualifiziertes Unternehmen delegieren? Das Auktionshaus verfügt zudem ebenfalls über entsprechende Adressen.

eBay und andere Internet-Auktionen

Bei eBay und anderen Internet-Auktionshäusern kann man durchaus für einen günstigen Preis an seinen Traum-Klassiker kommen, doch sollte man nicht auf eine vorgehende gründliche Untersuchung des Wagens vor Ort verzichten. Die meisten Anbieter ermutigen die Interessenten sogar ausdrücklich dazu. Bei eBay wird stets der Standort des Wagens genannt, sodass man sich ein Angebot in erreichbarer Nähe aussuchen kann. Seien Sie darauf vorbereitet, in letzter Minute überboten zu werden. Sie sollten sich darüber im Klaren sein, dass Ihr Gebot bindend ist, es aber andererseits sehr schwer ist, einen betrügerischen Anbieter vor Gericht zur Rechenschaft zu ziehen. Immer wieder kommt es auch zum Verkauf von „Geisterwagen". Daher sollte man sicherstellen, dass der in Frage kommende Wagen tatsächlich existiert und sich nicht voreilig von seinem Geld trennen.

11 Papiere für eine vollständige Dokumentation

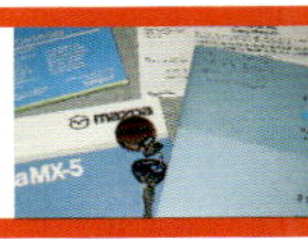

Klassische Automobile oder Sammlerautos werden im Allgemeinen von umfangreichen Papieren begleitet, die beim Verkauf weitergereicht werden. Mittels dieser Dokumentation lässt sich die exakte Geschichte des Wagens nachvollziehen und außerdem wird so der Umfang von Pflege, Wartungs- und Restaurierungsarbeiten deutlich. Für den neuen Besitzer sind derartige Dokumente außerordentlich wertvoll und wenn der Verkäufer diese nicht vorweisen kann, sollte man als Interessent misstrauisch werden.

Zulassung

Alle Länder verfügen über ein Registrierungssystem für Automobile – wie dem so genannten „Pink Slip" in den USA oder dem Kraftfahrzeugbrief in Deutschland.
Dabei ist es wichtig, dass die Unterlagen im Original vorliegen und vollständig sind, dass sie sich auf den in Frage kommenden Wagen beziehen und dass alle Details wie Motor- und Fahrgestellnummer korrekt angegeben sind. Alle früheren Besitzer sind ausschließlich im Kraftfahrzeugbrief aufgeführt. Daher sollte man sich nicht mit dem Kfz-Schein begnügen, in dem ja nur der aktuelle Besitzer angegeben ist.
Vergleichen Sie alle Angaben im Brief mit dem Typenschild, das im Fahrzeug montiert ist. Besitzt der Wagen eine ausländische Zulassung, sollte man sich vorab bei den entsprechenden Stellen wie dem Zoll informieren, welche Formalitäten bei der Einführung des Wagens zu erledigen sind.

TÜV/Hauptuntersuchung

Auch Klassiker können der Hauptuntersuchung nicht entgehen. Bei dem Besichtigungstermin spielen daher die letzten HU-Berichte eine entscheidende Rolle bei der Beurteilung des Objektes der Begierde. Also sollte man sich diese Unterlagen unbedingt zeigen lassen und bei Bedarf darauf bestehen, dass die von den Prüfern verlangten Reparaturen durch entsprechende Rechnungen dokumentiert werden. Auch wenn der Wagen nicht mehr zugelassen ist, sollte man nicht darauf verzichten. So offenbaren sich mitunter schon vor der ersten genaueren Besichtigung mögliche gravierende Schwachpunkte. Sind diese Unterlagen nicht vorhanden, ist es durchaus möglich, dass der Verkäufer etwas zu verbergen hat.

Zulassung

Ist das Fahrzeug noch zugelassen, ist eine Ummeldung relativ unproblematisch. Wer viel Zeit, Geduld und Lust auf Bürokratie hat, kann selbst zum Straßenverkehrsamt fahren und dort seinen Wagen ummelden. Dazu benötigt man Kraftfahrzeugbrief, -schein, elektronische Versicherungsbestätigung (eVB), HU-/AU-Unterlagen, Personalausweis und Bargeld für die fälligen Gebühren und die neuen Kennzeichen. Hat man sich die Kennzeichen besorgt und montiert, steht der weiteren Fahrt nichts mehr im Weg.
Besitzt der Wagen keine Zulassung mehr, interessiert sich zunächst der TÜV für das Fahrzeug. Je nach Herkunft und Dauer der Abmeldung kann der TÜV auf einer Einzelabnahme

bestehen, für die eine ausführliche technische Dokumentation notwendig ist. Ist diese Hürde genommen, begibt man sich zur Zulassungsstelle. Wenn man Zeit sparen will, kann man auch entsprechende Dienstleister in Anspruch nehmen, die gegen eine Gebühr die Zulassung organisieren.

Bewertung

Mitunter hat der Verkäufer ein Wertgutachten von einer anerkannten Organisation wie DEKRA, DAT oder Classic Data anfertigen lassen, aus dem der Wert des Modells hervorgeht. Im Allgemeinen stellen solche Dokumente allerdings lediglich eine unverbindliche Richtgröße für den tatsächlichen Preis dar.

Service-Historie

Häufig werden diese Wagen von ihren (hoffentlich fähigen) Besitzern selbst gewartet. Trotzdem sollte man so viele Details der Service-Historie wie möglich in Erfahrung bringen. Dabei kommt den Bescheinigungen und Rechnungen von Markenhändlern oder Fachbetrieben eine ganz besondere Bedeutung zu. Tatsächlich sind alle Papiere bei der Dokumentation wichtig: Vom ersten Kaufvertrag bis zum Wartungsheft bekommt man so Antworten auf wichtige Fragen zu der Geschichte des Fahrzeugs. Besonders ein Katalog des Modells aus dem entsprechenden Baujahr ist eine wichtige Informationsquelle und sollte, falls nicht bereits vorhanden, so schnell wie möglich erworben werden. Die Behauptung des Besitzers, dass der Wagen restauriert worden sei, sollte man sich immer durch die entsprechenden Unterlagen belegen lassen.
Wenn der Verkäufer erklärt, den Service selbst vorgenommen zu haben, sollte man fragen, wann die Arbeiten ausgeführt wurden und nach entsprechenden Hinweisen suchen. Im besten Fall deckt sich Ihre Einschätzung des Gesamtzustands mit den Angaben des Verkäufers.

Restaurierungs-Fotos

Größere Restaurierungsmaßnahmen werden in der Regel mit einer Vielzahl von Fotos dokumentiert. Die aus verschiedenen Winkeln gemachten Aufnahmen helfen dabei, Umfang und Qualität der Arbeiten einzuschätzen. Wenn Sie den Wagen kaufen, bitten Sie den Verkäufer, Ihnen die Fotos zu überlassen, weil sie ein wichtiger Teil der Geschichte des Fahrzeugs sind. Es ist erstaunlich, wie viele Besitzer bereit sind, sich zwar von ihrem Wagen zu trennen, die Fotos aber als Erinnerungsstücke behalten wollen. In einem solchen Fall kann man sich vermutlich auf Abzüge von den Originalen einigen.

12 Wie viel ist „er" wert?

Zustand

Wenn Sie sich die Mühe gemacht haben und den in Frage kommenden Wagen nach dem Bewertungssystem in Kapitel 9 begutachtet haben, wissen Sie nun, ob sich das Fahrzeug in einem exzellenten, guten, durchschnittlichen oder schlechten Zustand oder irgendwo dazwischen befindet. Unterbreiten Sie dem Verkäufer nach dem Ergebnis Ihrer Inspektion einen Preis, bei dem Sie die geschätzten Kosten für die notwendigen Reparaturen berücksichtigt haben.

Viele Fachmagazine (z.B.: *Oldtimer Markt*) veröffentlichen regelmäßig eine Preisübersicht. Als sehr hilfreich erweist sich auch der *Oldtimer Katalog* aus dem HEEL Verlag, ein jährlich neu erscheinender Marktführer. Auktionspreise und Angebote von großen Online-Portalen wie Autoscout24.de geben ebenfalls wichtige Anhaltspunkte. Klassiker haben sich in den vergangenen Jahren als relativ wertstabil erwiesen, jedoch sorgen Trends und Nachfrage nach bestimmten Modellen immer wieder für eine Verschiebung der Preise. Die angegebenen Preise sind auch abhängig von den Bewertungsmaßstäben, die die jeweiligen Zeitschriften anlegen, sodass man unbedingt die entsprechenden Fußnoten lesen muss. Außerdem sollte man sich darüber im Klaren sein, dass für einen preisgekrönten Concours-Sieger immer eine Kaufsumme aufgerufen werden wird, die über dem aktuellen Marktwert liegt. Davon ausgehend, dass der angebotene Wagen von diesem Zustand weit entfernt ist, muss man den verlangten Preis in Relation zu dem tatsächlichen Zustand sehen. Bevor man nun mit dem Handeln beginnt, gilt es zu bedenken, dass sich vorhandene Zusatzausstattungen immer auf den Preis auswirken. Wenn Sie den Wagen von einem Händler kaufen, berücksichtigen Sie dessen einkalkulierte Gewinnspanne.

Wünschenswerte Extras

Sondermodelle mit verbesserter Innenausstattung und leistungsoptimiertem Triebwerk (z.B. leichteres Schwungrad) oder Fahrwerksverbesserungen wie Alufelgen oder straffere Querstabilisatoren sind natürlich besonders begehrt. Begehrte Zusatzausstattungen sind außerdem:

Torsen-Sperrdifferenzial
Hardtop
Stoffverdeck
Ledersitze
Metalliclack
elektrische Fensterheber
elektrische Spiegelverstellung
Klimaanlage

Es folgt eine Aufstellung der Sondermodelle des MX-5, in der Reihenfolge ihres Erscheinens. Baujahr, Lackierung und ggf. Stückzahl werden dazu angegeben. Oft wurde die Stückzahl von vornherein begrenzt („Limited Edition"). Stets handelt es sich um Serienprodukte mit besonderer Ausstattung. Die Liste erhebt keinen Anspruch auf Vollständigkeit, dürfte aber die gängigsten Sondermodelle aufführen.

Für den britischen Markt

NA 1,6 Liter

1990/91 BBR Turbo: Verschiedene Farben (vermutlich nicht mehr als 200 Stück)
1991 24 Hour Le Mans: Sonderlackierung Grün-Orange-Weiß (24 Stück)
1991 Limited Edition (LE): Neo-Grün (250 Stück)
1992/93 Special Equipment (SE) Version 1: Brillant-Schwarz (200 Stück)
1993/94 Special Equipment (SE) Version 2: Brillant-Schwarz (150 Stück)
1995 California: Sonnen-Gelb (300 Stück)
1996/97 Monaco: Neo-Grün (450 Stück)
1997 Monza: Neo-Grün (800 Stück)

NA 1,8 Liter

1995/96 Gleneagles: Montego-Blau (400 Stück)
1996 Merlot: Weinrot (600 Stück)
1997 Dakar: Nacht-Blau (400 Stück)
1997 Harvard: Silber (500 Stück)
1997 Classic: Brillant-Schwarz (400 Stück)
1998 Berkeley: Sparkle-Grün (400 Stück)

NB 1,6 Liter

2000 California: Sonnen-Gelb (500 Stück)
2000 Isola: Klassich-Rot (500 Stück)

NB 1,8 Liter

1998/99 Sport: Klassich-Rot (300 Stück)
1999 Sport: Racing-Blau (300)
1999 10th Anniversary: Saphir-Blau (4300 Stück)
2000 Jasper Conran: Platinum Mica (100) und Klassisch-Schwarz (400 Stück)
2000 Icon: Weinrot (750 Stück)

USA

NA 1,6 Liter

1991 Special Edition: Racing-Grün (4000 Stück)
1992 Sunburst Yellow: Sonnen-Gelb (1500 Stück)

NA 1,8 Liter

1994 Limited Edition: Brillant-Schwarz (1500 Stück)
1994 M Edition: Montego-Blau (3000 Stück)
1994/95 Laguna Blue: Laguna-Blau (463 Stück)
1995 M Edition: Weinrot (3500 Stück)
1996 M Edition: Starlight (2968 Stück)
1997 M Edition: Excellent-Grün (3000 Stück)
1997 STO: Nacht-Blau (1500 Stück)

NB 1,8 Liter

1999 10th Anniversary: Saphir-Blau (3150 Stück)
2001 Special Edition: Britisch-Racing-Grün (3000 Stück)

Japan

NA 1,6 Liter

1990-92 V-Special: Neo-Grün/Brillant-Schwarz
1991 J-Limited: Sonnen-Gelb (800 Stück)
M2-1001: Brave-Blau (300 Stück)
M2-1002: Brave-Blau (300 Stück)
1992/93 S-Special: Brillant-Schwarz/Klassisch-Rot/Polar-Weiß
1992 S-Limited: Brillant-Schwarz (1000 Stück)
1993 Tokyo Limited: Brillant-Schwarz (40 Stück)

NA 1,8 Liter

1993 V-Special II: Neo-Grün/ Brillant-Schwarz
1993 J-Limited II: Sonnen-Gelb (800 Stück)
1994-96 S-Special II: Brillant-Schwarz/Klassisch-Rot/Laguna-Blau/Polar-Weiß/ Montego-Blau
1994 M2-1028: Brillant-Schwarz/Polar-Weiß (300 Stück)
1994 RS-Limited: Montego-Blau (500 Stück)
1995 G-Limited: Satellite-Blau (1500 Stück)
1995 R-Limited: Satellite-Blau (894), Polar-Weiß (106 Stück)
1995/96 VR-Limited Combination A: Weinrot (700 Stück)
1995 VR-Limited Combination B: Excellent-Grün (800 Stück)
1996 B2-Limited: Nacht-Blau (1000 Stück)
1996 R2-Limited: Polar-Weiß (500 Stück)
1997 SR-Limited: Sparkle-Grün (700 Stück)

NB 1,8 Liter

1998 RS: Samba-Orange, Brillant-Schwarz, Nacht-Blau, Racing-Silber, Highlight/Racing-Silber, Klassisch-Rot, Polar-Weiß
1999 10th Anniversary: Saphir-Blau (1000 Stück)
2000 NR-Limited: Weinrot (500 Stück)
2000 YS-Limited: Brillant-Schwarz, Weiß, Satin-Silber (700 Stück)

Nicht empfehlenswerte Extras

Neulackierungen, nicht serienmäßige Farben
Übertriebene Spoiler und Schwellerverbreiterungen
Nicht eingetragene oder freigegebene Räder (falsche Größe oder Einpresstiefe)
Übergroße Alufelgen (ab 17 Zoll)
Sportauspuffanlage bzw. nachträgliche Veränderungen der Auspuffanlage, die keine ABE haben
Gedrosselter 1,6-Liter-Motor
Automatik

Gewährleistung

Professionelle Händler müssen (außer bei Vermittlung von Privatverkäufen) für sämtliche Komponenten der von Ihnen verkauften Fahrzeuge ein Jahr Garantie gewähren. Vergewissern Sie sich dennoch von der Seriosität des Händlers – ist seine Werkstatt hinreichend ausgerüstet, um den MX-5 zu reparieren? Was ist von der Garantie gedeckt? Wie weit wohnen Sie vom Händler entfernt? Wie bekommen Sie ggf. das Fahrzeug dorthin

zurück? Überlegen Sie den Abschluss einer Zusatzgarantie. Fragen Sie sich auch, ob der Händler den Eindruck macht, dass er am Ende der Garantiefrist auch noch existieren wird. Außer bei einem offiziellen Mazda-Händler sollten Sie sich bei der Kaufentscheidung nicht durch eine Garantiezusage beeinflussen lassen, denn in neun von zehn Fällen wird es trotzdem Scherereien bei der Durchsetzung Ihrer Ansprüche geben, und nicht immer geht der Streit zugunsten des Käufers aus. Es kann günstiger sein, auf die Garantie zu verzichten und stattdessen einen Preisnachlass herauszuhandeln.
Beim Privatverkauf bedarf es in der Regel einer Klage, um Ansprüche wegen falscher oder unterlassener Angaben zu Zustand und Reparaturen durchzusetzen.

Inspektion vor dem Kauf

Wenn auch in diesem Buch viele Dinge beschrieben sind, die der Käufer selbst überprüfen kann, so wird doch dringend empfohlen, im Zweifelsfall vor dem Kauf den Wagen zur Inspektion bei einem Fachmann vorzuführen. Ein solcher Fachmann wird auch Unregelmäßigkeiten in den Zulassungspapieren aufspüren, und auch Veränderungen oder die illegale Nutzung einer Fahrgestellnummer können in einer Fachwerkstatt überprüft werden. Eine solche Inspektion kostet zwar Geld, aber das ist gut investiert.

Vertragsabschluss

Verhandeln Sie auf der Basis Ihrer Zustandsnoten, der Kilometerleistung und der Reparaturkosten für erkannte Mängel. Beachten Sie auch die Fahrzeugausstattung. Seien Sie bei der Bewertung realistisch, aber nicht zu stur, denn oft macht erst ein kleines, nicht teures Entgegenkommen den Verkauf möglich. Machen Sie dem Verkäufer aufgrund Ihres Untersuchungsergebnisses – und der wahrscheinlichen Reparaturkosten – klar, wie der von Ihnen gebotene Preis zustande kommt. Bedenken Sie dabei, dass bestimmte Modelle einen höheren Preis erzielen als theoretisch errechnet. Haben Sie anhand dieser Kriterien oder Hinweisen aus anderen Quellen einen Mangel entdeckt, dessen Behebung kostspielig ist, so bestehen Sie darauf, dass diese Reparaturkosten vom Kaufpreis abgezogen werden. Ein nicht voll funktionsfähiges Elektronikbauteil kann schon einige Euro kosten, warum sollten Sie diese aus Ihrer Tasche berappen, wenn die Notwendigkeit der Reparatur bereits offenkundig geworden ist? Besser nehmen Sie vom Kauf Abstand, als dass Sie sich jetzt vom Gefühl leiten lassen und es später bereuen. Es gibt immer irgendwo ein noch besseres Angebot.

13 Restaurieren – ja oder nein?

Nacktes MX-5-Chassis: Man sieht, wie Getriebe und Differenzial durch eine Zentralversteifung miteinander verbunden sind.

Bei der Erstveröffentlichung dieses Buchs waren die ältesten MX-5 22 Jahre alt. Sie sind leicht zu restaurieren, weil Teile reichlich vorhanden sind. Noch wird kaum ein MX-5 eine grundlegende Restaurierung benötigen, obwohl einige Besitzer wegen des Rosts eine neue Karosserie beschaffen mussten. Für Schweller und Radläufe gibt es inzwischen neue Reparaturbleche aus Stahl.

Um den Innenraum aufzufrischen gibt es neue oder gebrauchte Teppichsätze. Mit dem MX-5 erfahrene Sattler können das Verdeck erneuern (in Vinyl oder Stoff) und die Sitze neu beziehen. Kunststoffverkleidungen bleichen aus und werden rissig, doch auch dafür gibt es neuen oder gebrauchten Ersatz.

Was man für ein paar Lackblasen halten könnte, …

… erweist sich als heftiger Rostbefall am Türschweller dieses NA-Modells.

Generell gilt es, sich im Vorfeld in Sachen Restaurierung über einige wichtige Punkte im Klaren zu sein: Besitzen Sie tatsächlich das Talent, die Möglichkeiten und – noch wichtiger – die Zeit, um sich der Herausforderung einer Komplettrestaurierung mit all den möglichen Komplikationen zu stellen?

Bei einer Restaurierung wird es notwendig werden, Originalteile zu kaufen. Natürlich kann man sich auch in einigen Fällen mit gebrauchten Teilen zufrieden geben, doch sind es die Originalteile, die das Budget belasten, zudem wenn man zur Montage auf die Hilfe eines Fachbetriebes – mit gutem Ruf und MX-5-Erfahrung – angewiesen ist.

Außerdem müssen Sie auch den Platzbedarf

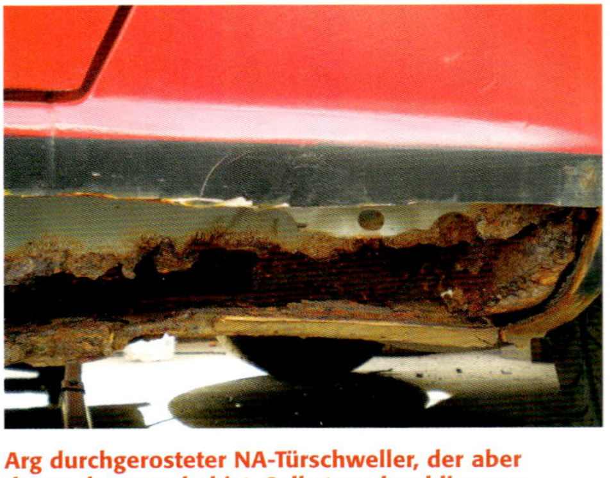

Arg durchgerosteter NA-Türschweller, der aber dennoch reparabel ist. Selbst noch schlimmer rostzerfressene Fahrzeuge konnten gerettet werden, aber das bedeutet viel Arbeit aus erfahrener Hand, damit das Ergebnis zufriedenstellend wird.

für eine Restaurierung berücksichtigen. Eine große und trockene Garage und ein guter Werkzeugbestand sind Grundvoraussetzung. Haben Sie entsprechende Reparaturhandbücher für den MX-5 im Regal stehen? Haben Sie die Möglichkeiten, den Motor auszubauen? Wird die Restaurierung wirklich nur ein Jahr dauern? Oder sind 24 Monate realistischer?

Doch so eine Komplettrestaurierung bleibt immer ein finanzielles Abenteuer. Nicht selten verschlingen solche Projekte mehr Geld als das Fahrzeug nach Abschluss der Arbeiten wert ist. Wenn man die Summe für eine Totalrestaurierung direkt beim Kauf investiert, kann dies für wesentlich mehr Fahrvergnügen sorgen – bei deutlich weniger Arbeit.

Daher sollte man immer die Regel befolgen, den bestmöglichen MX-5 zu kaufen, den man sich leisten kann. Bei Modellen in restaurierungsbedürftigem Zustand muss man unter allen Umständen vermeiden, viel Geld für einen Haufen wertlosen Schrott zu bezahlen.

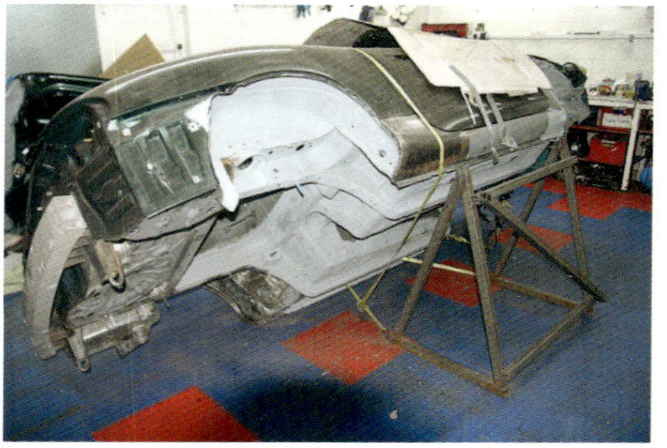

Dieser NB wurde völlig entlackt, damit auch der Rostschutz komplett neu aufgebaut werden konnte. So ein Projekt ist nichts für Anfänger!

Um die Radaufhängungen langfristig zu konservieren werden sie von vielen Besitzern gegen Korrosion geschützt und mit neuen Poly- oder Gummi-Buchsen versehen.

NB mit komplett korrosionsgeschützter Radaufhängung: So kann man den Rost in die Schranken weisen. Wenn Sie langfristig Freude an Ihrem Wagen haben wollen, muss der Rostschutz aber alle paar Jahre überprüft und ausgebessert werden.

14 Lackprobleme

Lackprobleme entstehen zumeist aufgrund unzureichender Vorarbeiten für eine Neulackierung oder Ausbesserung. Einige der folgenden Probleme werden Sie bei der Klassiker-Suche häufiger antreffen.

Orangenhaut

Orangenhaut

Die ungleichmäßige Lackoberfläche erinnert an die Schale einer Orange. Das Problem entsteht, wenn der Lack zu wenig verdünnt wurde (häufig auch in Kombination mit einem zu großen Sprühabstand). Auch extreme Temperaturunterschiede zwischen der Umgebung und der zu lackierenden Oberfläche fördern die Bildung einer Orangenhaut. Dieser Effekt lässt sich in leichteren Fällen mit einer entsprechenden Politur oder sehr feinem Schleifpapier beseitigen. Je nach Ausmaß dieses Lackierfehlers ist eine Neulackierung empfehlenswert. Hier hilft auf jeden Fall die Begutachtung durch einen Experten.

Blättert der Lack ab …

Risse

Risse im Lack können vor allem durch zu viel Spachtelmasse entstehen. Wird dem Lack zu viel Härter beigemischt oder besteht eine Unverträglichkeit zwischen der neu aufgetragenen Farbsorte und der bereits vorhandenen Lackierung, kann es ebenfalls zu diesen Erscheinungen kommen. Bei einer umfassenden Restaurierung sollte man vor der Neulackierung sämtliche Lackschichten entfernen, um dieses Problem sicher auszuschließen.

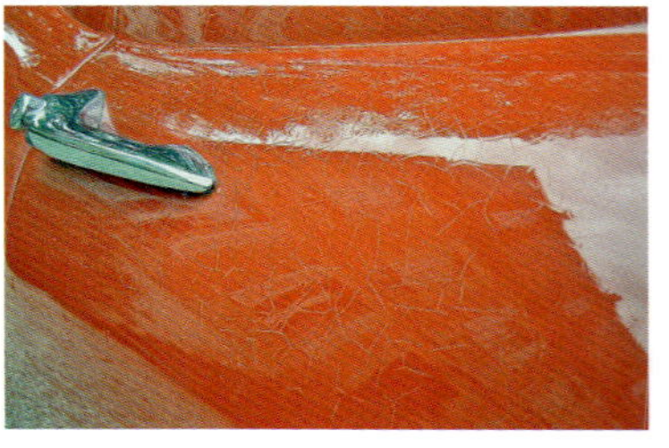

… oder bekommt er Risse, muss das Fahrzeug entlackt und neu lackiert werden.

Haarrisse

Wenn sich feine Haarrisse über die Lackoberfläche verteilen, liegt häufig eine Unverträglichkeit des Lacks mit der verwendeten Grundierung vor. In diesem Fall muss man sich Gedanken über eine Neulackierung machen.

Blasen

Korrosion unter der Lackierung verursacht unweigerlich Blasen. Werden sie erst einmal richtig sichtbar, ist der Schaden an den Blechen vermutlich ziemlich groß. Vor einer Neulackierung muss in diesen Fällen zunächst das betroffene Blech repariert werden.

Diese Lackblase wurde durch Rost verursacht, wie unschwer zu erkennen ist.

Mikroblasen

Diese Blasen lassen auf eine preiswerte Lackierung schließen, bei der die Oberfläche nicht gründlich trocknen konnte. Am besten holt man sich Rat bei einem Spezialisten, doch wird man häufig in dem betroffenen Bereich die alte Lackierung vollständig entfernen müssen. Als Ursache für die Blasen kommen aber auch Fahrzeugabdeckungen in Frage, die nicht „atmen".

Rostpickel ...

Rot neigt besonders stark zum Ausbleichen.

Verblassen

Einige Farben, vor allem Rot, neigen dazu, bei starker Sonneneinstrahlung und ohne Schutz durch entsprechende Politur zu verblassen. Wenn eine Behandlung mit einem Lackreiniger nicht ausreicht, kommt man um eine Neulackierung nicht herum.

Abblättern

Vor allem bei Metallic-Lackierungen kann es vorkommen, dass der Klarlack abblättert. Schlecht aufgetragener Einschicht-Lack zeigt ebenfalls diese Erscheinung. Konsequenterweise muss das Fahrzeug auch in diesen Fällen neu lackiert werden.

... und abblätternder Lack ...

Einschlüsse

Wenn bei den Vorbereitungen zum Lackieren und beim eigentlichen Lackiervorgang nicht auf Sauberkeit geachtet wurde, kommt es zu Staub- und Schmutzeinschlüssen, die sich nicht ohne weiteres entfernen lassen. Hier hilft nur eine vollständige Neulackierung.

... treten oft gemeinsam auf.

Beulen

Kleinere Beulen lassen sich leicht vom „ Beulen-Doktor" (Adressen im Internet) sanft und meistens ohne Folgen für den Lack aus dem Blech ziehen, sofern die Lackoberfläche noch intakt ist. Auf jeden Fall sollte man berücksichtigen, dass bei vielen Oldtimern dickere Bleche verwendet wurden als bei heutigen Fahrzeugen und sich dadurch die Arbeit des Beulen-Doktors manchmal schwieriger – und somit teurer als angenommen – gestalten kann.

15 Konditionsprobleme

Wenn ein MX-5 länger nicht bewegt wurde, können die folgenden Probleme auftreten.

Klemmende Bauteile

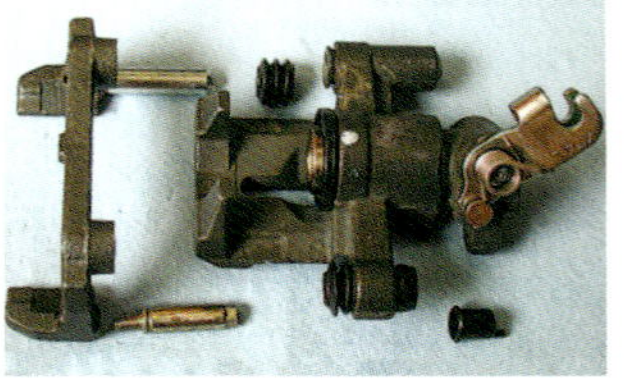

Klemmende Bremszylinder kann man überholen oder durch Neuteile ersetzen. Solche Schäden sind als erste zu erwarten, wenn der MX-5 längere Zeit stillsteht.

Die Kolben in den Sätteln der hydraulischen Bremse können z.B. als Folge von defekten Dichtgummis korrodieren und festgehen. Aber auch das in der Bremsflüssigkeit enthaltene Wasser fördert die Korrosion. Bremsflüssigkeit ist hygroskopisch, d. h. sie nimmt aus der Luft Feuchtigkeit auf. Deshalb sollte sie spätestens alle zwei Jahre ausgetauscht werden. Wird dies unterlassen, kann das Wasser nicht nur wie beschrieben zu Rost im Bremssystem (Bremskolben, Hauptbremszylinder), sondern auch zu Dampfblasenbildung bei heißer Bremse führen – katastrophales Bremsversagen wäre die Folge.

Die Bremsbeläge können an den Scheiben festkleben oder -korrodieren, die Scheiben können rosten, die Kupplung kann durch Korrosion an der Schwungscheibe festkleben, die Handbremse kann bei klemmenden Zügen nicht mehr gelöst werden.

Die Kolben der hydraulischen Kupplungsbetätigung können festgehen.

Die Kupplung kann infolge Korrosion an der Schwungscheibe festkleben, wenn das Fahrzeug monatelang stillsteht.

Die Kolben im Motor können in den Zylindern festkorrodieren. Nach langem Stillstand kann es außerdem vorkommen, dass die Hydrostößel nicht mehr richtig arbeiten und das Ventilklappern nicht mehr beseitigen können. Dazu bedarf es eines Ölwechsels und einer gewissen Fahrstrecke.

Haubenscharniere können rosten und klemmen.

Flüssigkeiten

Bei sehr langen Standzeiten kann es passieren, dass sich das Öl zersetzt und in seine Bestandteile auftrennt. Abhängig vom Öltyp (mineralisch oder synthetisch) können sich säurehaltige, aggressive Rückständen bilden, die jedes Metallstück, das damit in Verbindung kommt, korrodieren lassen.

Bei fehlendem Frostschutz kann das Kühlsystem von innen her rosten. Die Froststopfen können herausfallen, Risse in Motorblock oder Zylinderkopf sind ebenfalls möglich. Schlammablagerungen, die vor allem den Kühler zusetzen, können Überhitzung verursachen.

Das Wasser in der Scheibenwaschanlage kann zu stocken anfangen.

Dass die Reifen bei längerem Stillstand platt werden, ist voraussehbar. Um Schäden an ihnen zu vermeiden, sollten Sie es nicht so weit kommen lassen.

Räder

Reifen, die die Last des Autos längere Zeit nur in einer Position tragen, bilden Standplatten aus. Sie machen sich durch Vibrationen beim Fahren bemerkbar. In den

Flanken können sich Risse bilden, die Gummimischung kann aushärten und damit zum Sicherheitsrisiko werden. Korrodierte Felgen sind nur mit hohem finanziellen Aufwand zu sanieren – oder zu ersetzen.

Stoßdämpfer

Nach langem Stillstand werden die Dichtungen undicht, so dass das als Dämpfungsmittel enthaltene Gas entweichen kann und die Stoßdämpfer wirkungslos werden.
Defekte Stoßdämpfer machen sich unter anderem anfangs durch Knack- und Knarrgeräusche bemerkbar.

Karosserie

Der Lack kann ausbleichen, matt werden und seinen Glanz verlieren, wenn das Auto im Freien oder auch nur feucht steht. Der Rost kann angreifen, besonders bei verstopften Abläufen an den Türschwellen, so dass sich Wasser in ihnen ansammelt.
Das Verdeck wird Schaden nehmen, die Abläufe für das Verdeck werden sich mit der Zeit zusetzen, so dass Wasser in den Innenraum fließt, was Schimmel an Sitzen, Teppich und Verdeckunterseite verursacht.

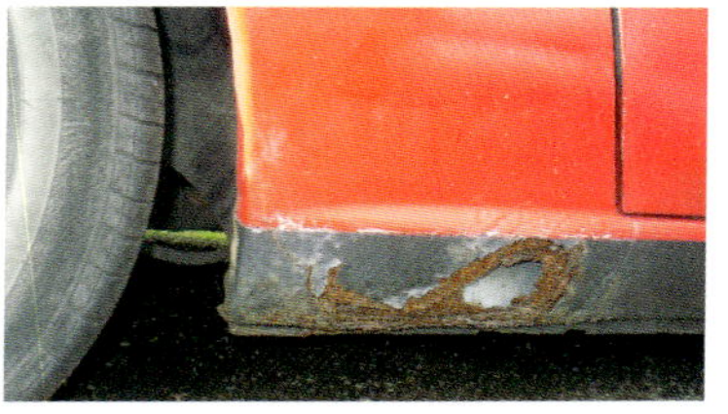

Zwei Jahre Stillstand haben dem Rost gereicht, sich durch diesen Türschweller hindurchzufressen.

Gummi und Plastik

Die Kühlwasserschläuche werden hart und rissig, was zu Kühlwasserverlust führen kann. Tür- und Fensterdichtungen können spröde und undicht werden. Tüllen und Ummantelungen können rissig werden. Die Wischerblätter können hart werden.
Kraftstoffleitungen sind aus Gummi gefertigt; Risse in solchen Leitungen können zu einem Motorbrand führen.
Antriebswellen und Spurstangen besitzen Gummitüllen. Wenn diese Risse bekommen, können hier Wasser und Schmutz eindringen, was zu einem schnellen Verschleiß dieser Bauteile führt.

Feuchtigkeit im Innenraum des MX-5 wird sich auf die Dauer nicht vermeiden lassen. Manchmal dauert es nur ein paar Wochen, bis sich durch nur ein wenig Kondenswasser Schimmel gebildet hat. Er kann sich über Verdeck, Sitze, Teppiche und andere Innenausstattungsteile legen. Die Sporen wird man nur mit Fungiziden wieder los.

Elektrik

Die Batterie entleert sich beim MX-5 relativ schnell und nimmt Schaden, wenn sie monatelang nicht aufgeladen wurde.
Masseprobleme sind häufig auf korrodierte Steckverbindungen zurückzuführen.
Die Zündkerzenstecker korrodieren bei langem Nichtgebrauch.
Kabelisolierungen werden mit der Zeit hart und brüchig.

Auspuff

Das Abgas enthält stets Wasser als Verbrennungsprodukt aus dem Motor. Bleibt es lange im Auspuff, wird es dort von innen her Rost verursachen. Von außen wird die Anlage in gleicher Weise von der Außenluft angegriffen, aber auch von Salz und Schmutz.

16 Wichtige Adressen und Ansprechpartner

Wer einen Klassiker wie den MX-5 besitzt, wird früher oder später darüber nachdenken, sich einem Club oder einer Interessengemeinschaft anzuschließen. Ein Club bietet technische Unterstützung, hilft bei Fragen und es lassen sich Teile organisieren oder komplette Fahrzeuge kaufen. Auch stehen regelmäßige Treffen und Ausfahrten auf dem Programm.
Die Gemeinschaft der MX-5 organisiert sich weltweit in einer starken Club-Szene, die sich besonders im Internet mit zahlreichen Seiten und Foren den Themen NA, NB und NC annehmen. Neben typspezifischen Informationen erweist sich das World-Wide-Web auch als nützlicher Helfer bei der Suche nach Spezialisten, wenn es um das Thema Restaurierung geht. Unter **www.oldtimer-adressenlexikon.de** und **www.oldtimer-markt.de** offerieren Dienstleister aus allen Bereichen ihre speziellen Fertigkeiten rund um das „rostigste Hobby der Welt".

MX-5 Miata Clubs und Foren in Deutschland

www.mx-5.de
www.lotus-bluete.de
www.racinggreen92.blogspot.com
www.mx5-technik.de
www.mx-5-sportive.de
www.motor-talk.de

Teilehändler und Restaurierungsfachberiebe

Schausberger KFZ-Teile GmbH
Feldham 87
4655 Vorchdorf
www.schausberger.net

T.L. Motorsport GmbH
Innungstr. 1
50354 Hürth-Gleuel
www.ilmotorsport.de

Chrom Design GmbH
Zobelweg 11
53842 Troisdorf
www.chromdesign.de

Hinsberger Products GmbH
Industriegebiet König
Betzenhölle 26
66538 Neunkirchen/Saar
www.ath-hinsberger.de

FK Automotive GmbH
Kuchengrund 10
71522 Backnang
www.fk-automotive.de

rexbo.de
Autoteile, Ersatzteile und Kfz-Zubehör in Original-Teile-Qualität
www.rexbo.de

Wichtige jährliche Veranstaltungen

Bremen Classics, Bremen
Retro Classics, Stuttgart
Techno-Classica, Essen
VETERAMA, Ludwigshafen
Motorshow, Essen
MX-5- Treffen anlässlich des AvD Oldtimer Grand Prix auf dem Nürburgring

17 Daten und Fakten

Allgemeine Daten

Motor: Reihenvierzylinder, längs eingebaut, wassergekühlt, Vierventiler mit zwei obenliegenden Nockenwellen
Radaufhängungen: Doppelte Dreieckslenker rundum, Schraubenfedern
Kraftübertragung: Fünfgang-Schaltgetriebe, Hinterradantrieb
Lenkung: Zahnstange
Räder: Vierlochfelgen 5,5Jx14 mit Reifen 185/60R14 oder 6Jx15 mit Reifen 195/50R15

Modell NA 1,6 Liter (1989–1995):

Hubraum: 1598 ccm; Leistung: 116 PS bei 6500/min; Drehmoment: 136 Nm bei 5500/min; Höchstgeschwindigkeit: 195 km/h; Bremsscheiben vorn: 235 mm, hinten: 231 mm; Gewicht: 950 kg; Tankinhalt: 45 Liter

Modell NA 1,6 Liter (1995–1998) (nur für Großbritannien)

Leistung: 90 PS bei 6000/min; Drehmoment: 132 Nm bei 4000/min

Modell NA 1,8 Liter (1993–1995)

Hubraum: 1839 ccm; Leistung: 130 PS bei 6500/min; Drehmoment: 149 Nm bei 5000/min; Höchstgeschwindigkeit: 193 km/h; Bremsscheiben vorn: 254 mm, hinten 251 mm; Gewicht: 1020 kg

Änderungen zum 1,8 Liter ab Mitte 1996

Leistung: 131 PS bei 6500/min; Drehmoment: 155 Nm bei 5000/min; Höchstgeschwindigkeit: 198 km/h

Modell NB 1,6 Liter (1998–2001)

Hubraum: 1597 ccm; Leistung: 110 PS bei 6500/min; Drehmoment: 134 Nm bei 5500/min; Höchstgeschwindigkeit: 190 km/h; Bremsscheiben vorn: 255 mm, hinten 251 mm; Gewicht: 1025 kg; Tankinhalt 45 Liter

Modell NB 1,8 Liter (1998–2001)

Hubraum: 1839 ccm; Leistung: 140 PS bei 6500/min; Drehmoment: 161 Nm bei 5500/min; Höchstgeschwindigkeit: 204 km/h; Fünfgang-Schaltgetriebe (bei 10th Anniversary, RS und VS: Sechsgang-Schaltgetriebe); weitere Daten siehe NB 1,6 Liter

Serienmäßige Farben:

NA: Klassisch Rot, Brillant-Schwarz, Cristal-Weiß, Marina-Blau, Graumetallic
NB: Klassisch Rot, Grünmetallic, Bronze, Silber, Schwarz

Das könnte Sie auch interessieren:

128 Seiten, ca. 200 farbige Abbildungen, 148 x 210 mm, Paperback
ISBN 978-3-86852-451-2
€ (D) 14,99

Wer sein Auto perfekt pflegen will, muss mehr tun, als es manchmal durch die Waschstraße zu schieben. Pflegeprofi Christian Petzoldt gibt einen Überblick über alle Aspekte, Arbeitstechniken und Hilfsmittel moderner Autopflege.